AF462465

Boilly pinx. M. F. Dien sculp.

M. G. F. A. COMTE DE CHOISEUL-GOUFFIER,

Ancien Ambassadeur de France à Constantinople,
de l'Académie Françoise et de celle d'Inscriptions et Belles-Lettres,
Pair de France.

VOYAGE PITTORESQUE
DANS L'EMPIRE OTTOMAN.
ATLAS.
1re PARTIE.

Paris

A LA LIBRAIRIE DE J.-P. AILLAUD, QUAI VOLTAIRE, N° 11.

1842.

VUE DE LA VILLE ET DU CHATEAU DE CORON,

Assiégé par les Russes en 1770.

A. P. D. R.

Pl. 2.

Dessiné par J.B. Hilair. Gravé par J.B. Tilliard.

SOLDATS ALBANOIS.

A.P.D.R.

Pl. 3.

Dessiné par J.B. Hilair. Gravé par J.B. Tilliard.

FEMMES DE L'ISLE DE L'ARGENTIERE.

A.P.D.R.

Pl. 4.

Dessiné par le Comte De Choiseul-Gouffier.

VUE DU PORT DE MILO,

prise du Cap noir.

A. P. D. R.

Pl. 5.

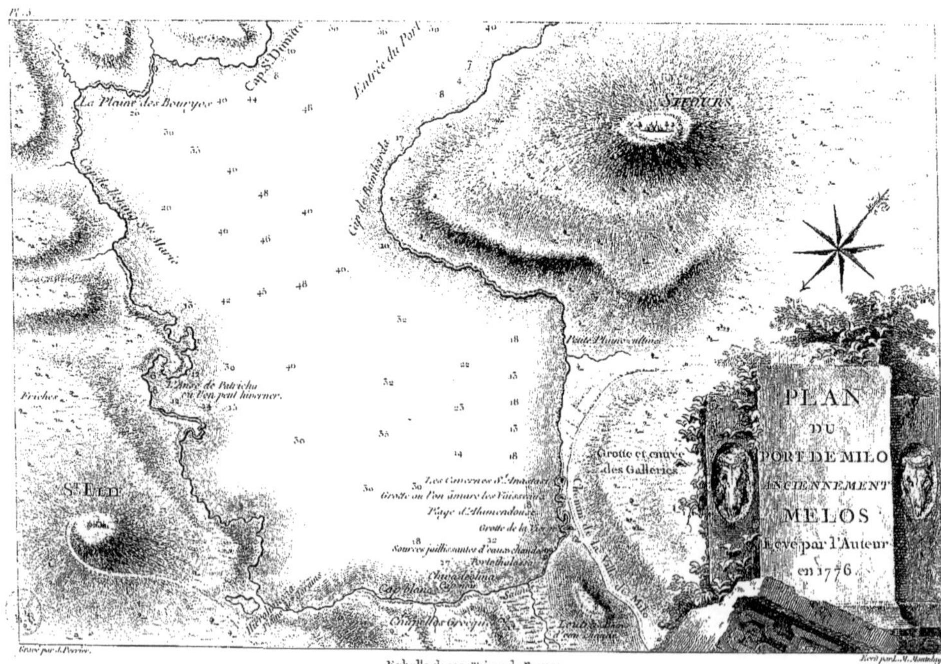

Gravé par J. Perrier.

Ecrit par L. M. Montulay.

Echelle de 1200 Toises de France.

100 200 300 600 900 1200 T.

Pl. 6.

Dessiné par le Comte de Choiseul-Gouffier. Gravé par J. B. Tilliard.

VUE D'UNE CAVERNE

servant d'entrée aux galleries souterraines de Milo.

A. P. D. R.

Pl. 7.

Dessiné par J. B. Hilair. Gravé par J. B. Tilliard.

TOMBEAU DE MARBRE BLANC

dans l'Isle de Siphanto.

A. P. D. R.

VUE DE LA VILLE ET DE L'ÎLE DE SIPHANTO.

A. P. D. R.

FEMMES DE L'ISLE DE SIPHANTO.

A.P.D.R.

VUE DE L'ISLE DE SIKINO.

A.P.D.R.

Pl. 11.

Dessiné par le Comte De Choiseul Gouffier

VUE DE LA VILLE DE NIO.

A.P.D.R.

Pl. 12.

Dessiné par J.B. Hilair.

Gravé par J.B. Tilliard.

FEMMES DE L'ILE DE NIO.

A.P.D.R.

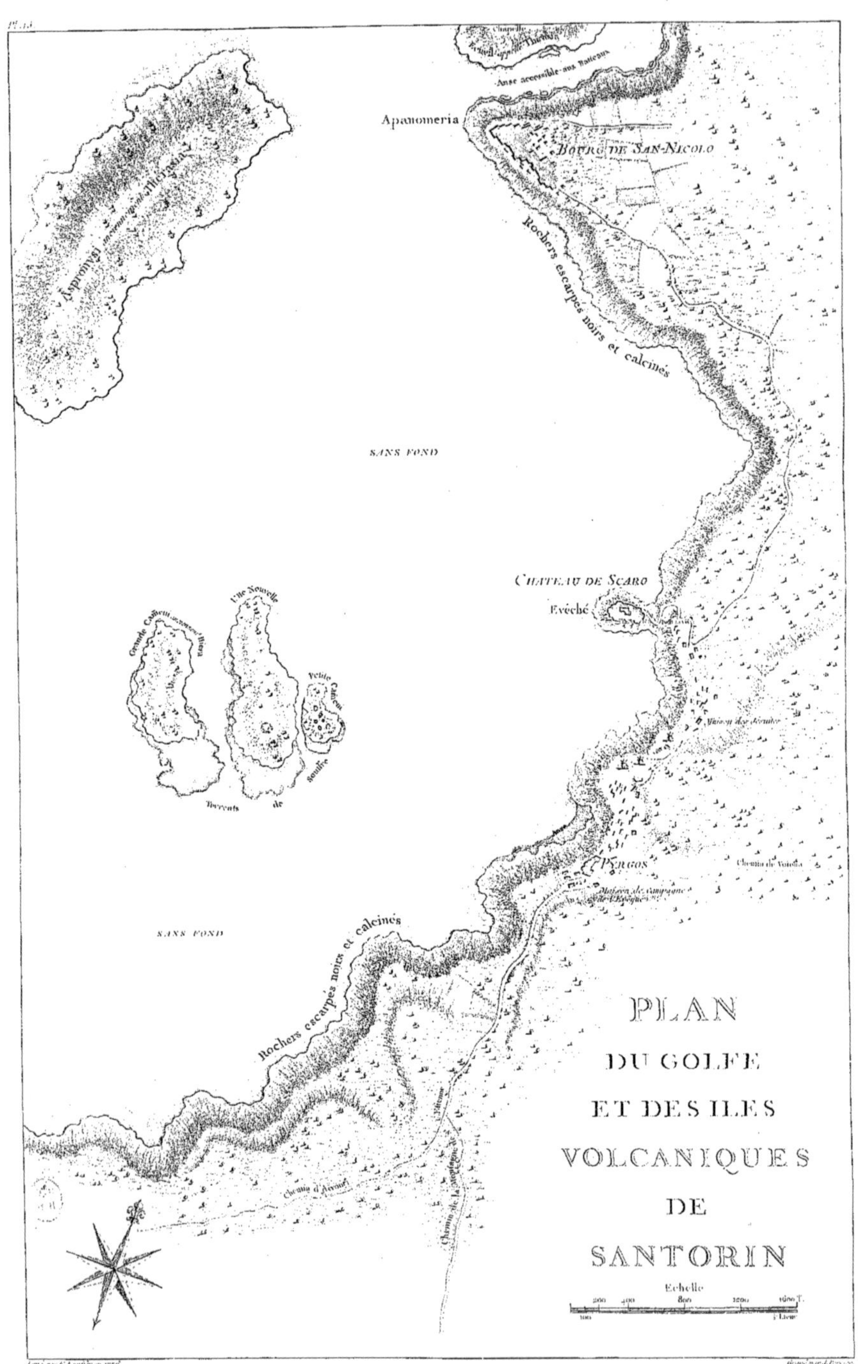
Apanomeria
Anse accessible aux Batteaux
BOURG DE SAN-NICOLO
Rochers escarpés noirs et calcinés
Aspronisi
Therasia
SANS FOND
CHATEAU DE SCARO
Evêché
Isle Nouvelle
Petite Cameni
Torrents de Souffre
Maison des Jésuites
Pyrgos
Chemin de Voiolia
Maison de Campagne de l'Évêque
SANS FOND
Rochers escarpés noirs et calcinés
Chemin d'Acroti
PLAN
DU GOLFE
ET DES ILES
VOLCANIQUES
DE
SANTORIN
Echelle
200
400
800
1200
1600 T.
1 Lieue

VUE DES ILES VOLCANIQUES DE SANTORIN.

A.P.D.R.

VUE DU BOURG SAN-NICOLO.

A.P.D.R.

Pl. 28

VUE DE LA CÔTE DE SANTORIN.

A.P.D.R.

Pl. 17.

Dessiné par J.B. Hilair. Gravé par C.F. Letellier.

FEMMES DE L'ILE DE SANTORIN.

A.P.D.R.

Pl. 18.

Dessiné par J.B. Hilair. Gravé par J. Mathieu.

VUE PRISE AU VILLAGE DE NEBRIO À SANTORIN.

A.P.D.R.

Pl. 19.

Dessiné par le Comte De Choiseul-Gouffier. Gravé par Liénard.

VUE DE LA MONTAGNE DE S.T ETIENNE.

A.P.D.R.

Pl. 20.

FRAGMENS ANTIQUES.

A.P.D.R.

VUE DE LA VILLE DE NAXIA.

A.P.D.R.

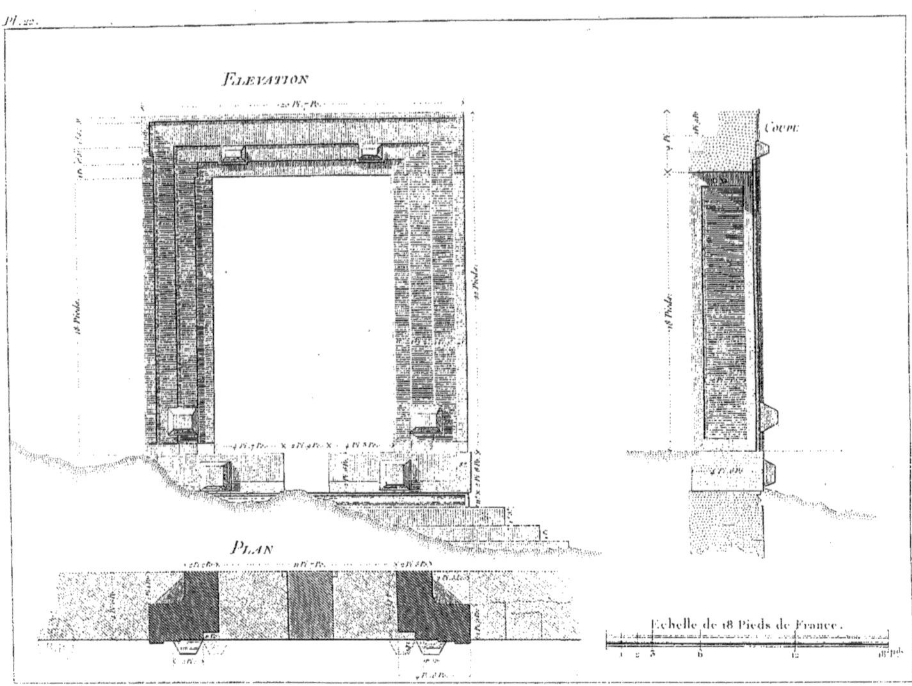

DÉTAILS GÉOMETRIQUES DE LA PORTE DU TEMPLE DE BACCHUS.

A.P.D.R.

Pl. 23.

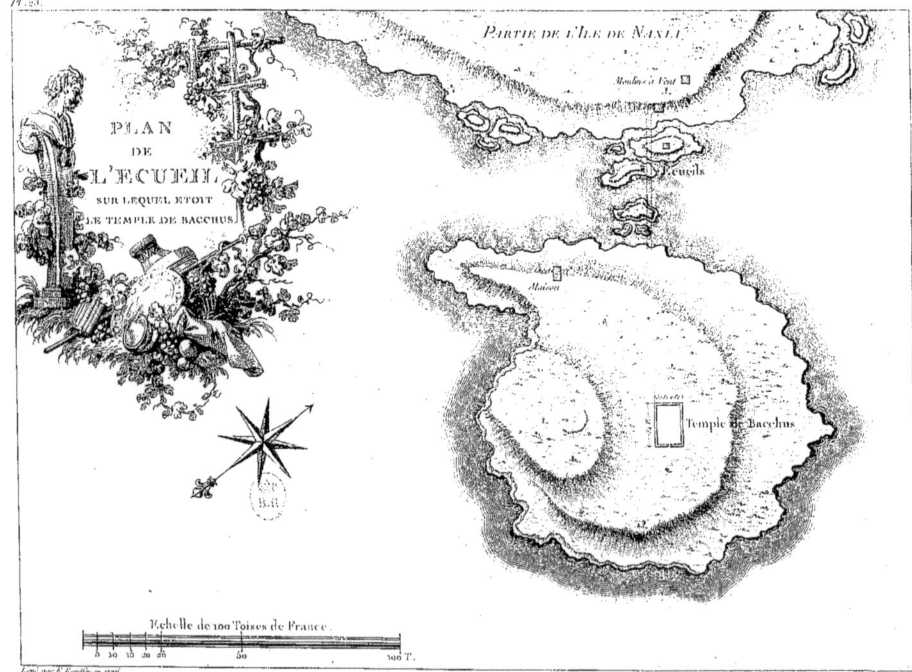

Pl. 24.

Dessiné par J.B. Hilair. Gravé par J.L. Delignon.

HABITANS DE L'ILE DE NAXIA.

A.P.D.R.

Pl. 25.

Dessiné par J.B. Hilair. Gravé par J.L. Delignon.

DAMES DE L'ILE DE TINE.

A.P.D.R.

SERVANTES DE L'ILE DE TINE.

A. P. D. R.

BOURGEOISES DE L'ILE DE TINE.

A. P. D. R.

Pl. 18.

VUE DU BOURG DE SAN-NICOLO DANS L'ILE DE TINE

Prise du côté du Couchant.

A. P. D. R.

VUE DU BOURG DE SAN-NICOLO

Prise du côté du Levant.

A.P.D.R.

VUE DE LA VILLE ET DE L'ILE DE SYRA.

A.P.D.R.

31.

PLAN
de l'île de
DELOS.
Temple d'Hercules
Ruines
Gymnase
Scardana
Temple de Neptune
Naumachie
Portiques de Denys
PARTIE DE LA GRANDE DELOS ou de l'Ile de Rhenée
Tombeaux
TEMPLE D'APOLLON
Portiques de Philippe
RUINES DE LA VILLE DE DELOS
M.T CYNTHUS
Théatre
Forteresse
Petit Port
Grand et Petit Rematiari
Ruines
Temple ruiné
Port de Fourmi
Broussailles
Broussailles
Mort
Inopus selon Tournefort
Echelle de 600 Toises de France.
25 50 75 100 200 400 600 T.

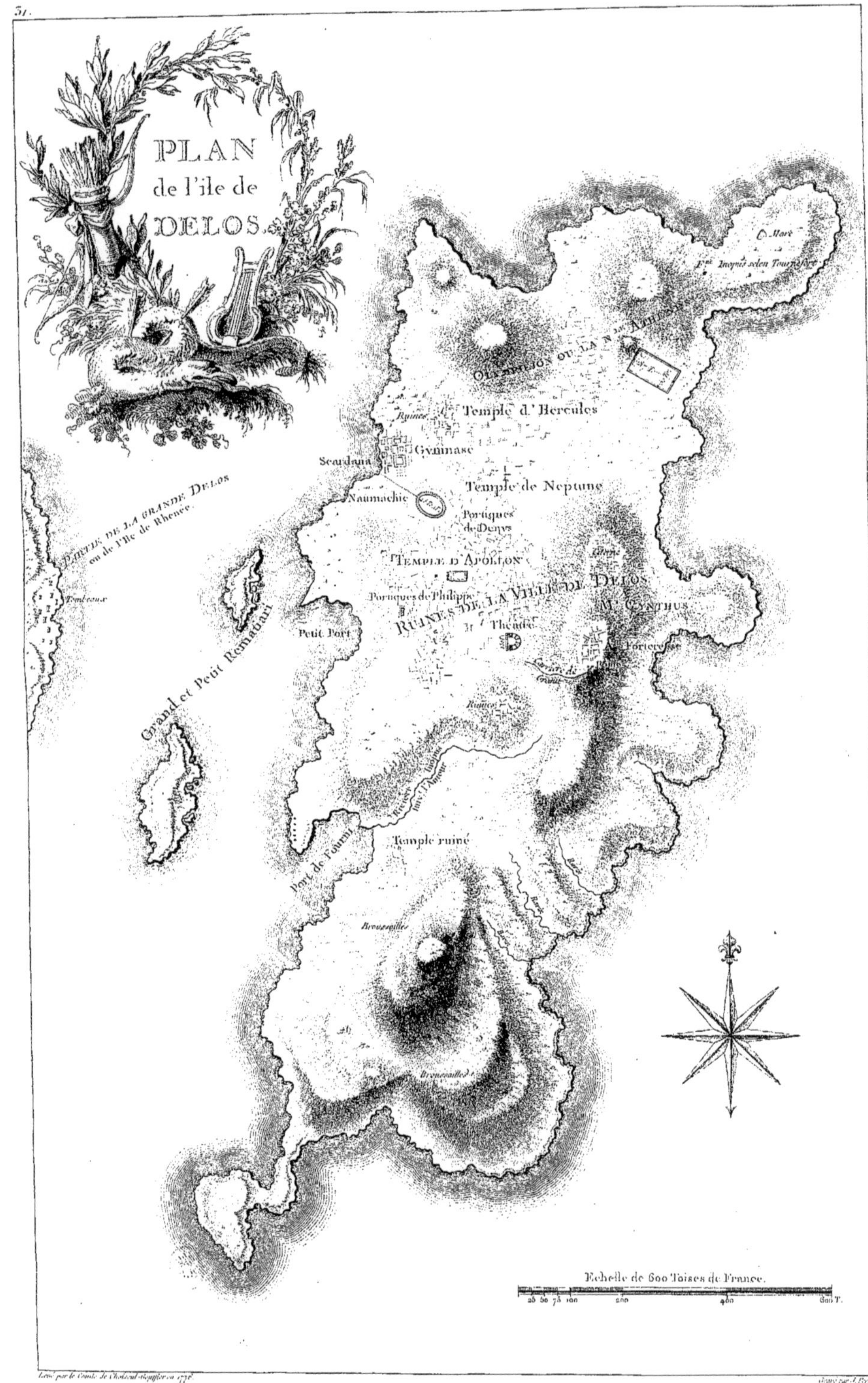

Pl. 32
CARTE GÉNÉRALE
DE L'ILE DE
PAROS.
I. Ste Marie
Port Ste Marie
Port de Naussa
Port de NAUSSA
I. de Bacchus
NAXIA
NAXOS
Port Strongioli
Mt Capresso
Port de Marmora
Marmora
Catapoliani
Courant de Capucins ruiné
Port de Parechia
St Antoine
Chepido
KEPHALO
ILE DE PAROS
Minoa
Treo
Chapelle
Fontaine
I. aux Pigeons
I. de Treo
Port de Treo
Chefalo
Acosta
ANTIPAROS
Entrée de la Grotte d'Antiparos
Echelle de 4000 Toises de France.
1000
2000
3000
4000 T.

Pl. 33.

Dessiné par J.B. Hilair. Gravé par P. Martini.

DANSE GRECQUE À PAROS.

A.P.D.R.

Pl. 34.

Dessiné par J.B. Hilair. Gravé par J.B. Tilliard.

ENTRÉE D'UNE CARRIERE DE PAROS.

A.P.D.R.

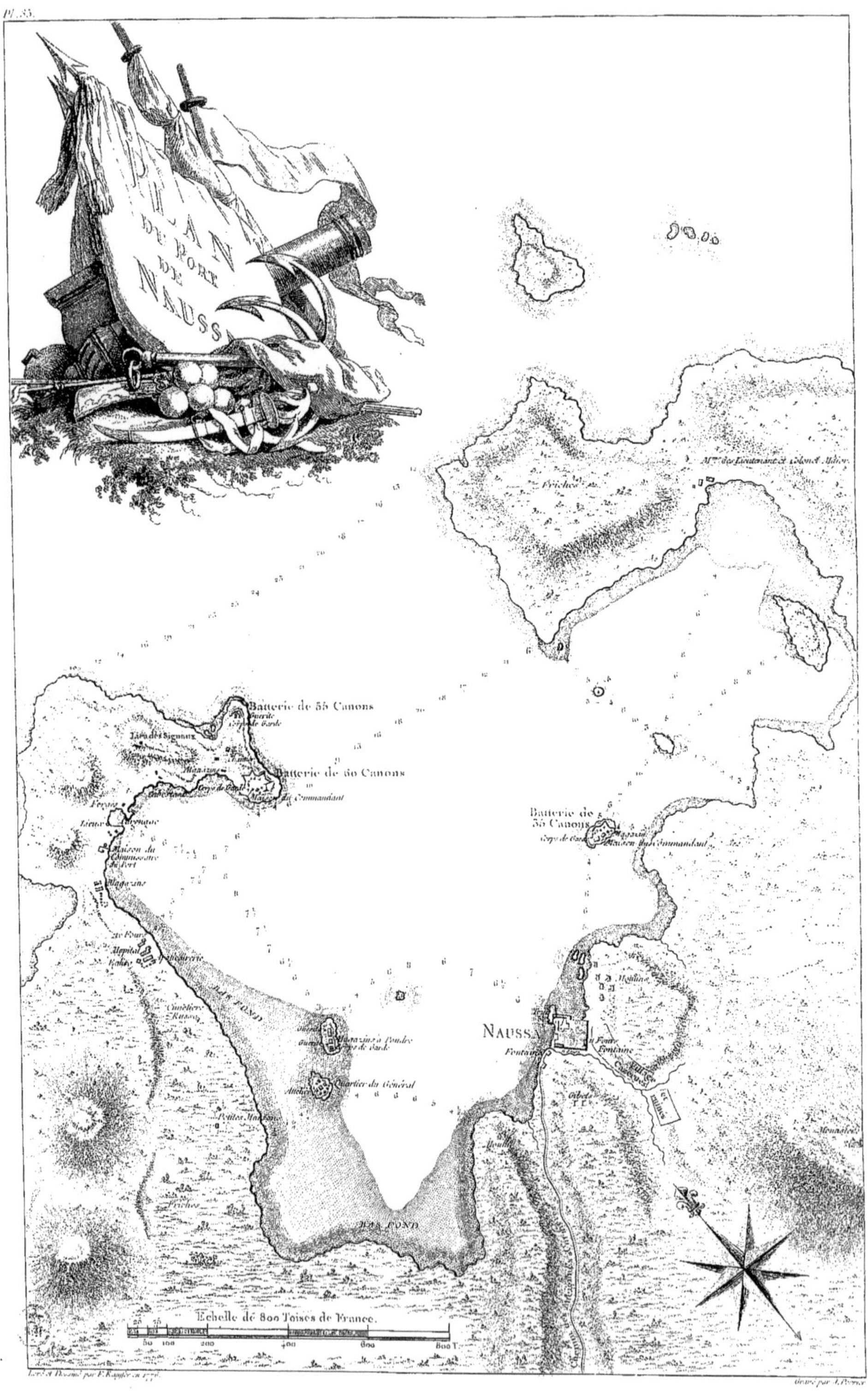
PLAN DU PORT DE NAUSS
Batterie de 55 Canons
Batterie de 60 Canons
Maison du Commandant
Maison du Commissaire du Port
Magazins
Batterie de 35 Canons
Maison du Commandant
NAUSSA
Fontaine
Moulins
Quartier du Général
Magazin à Poudre
Petites Maisons
Friches
BAS FOND
Échelle de 800 Toises de France.
50 100 200 400 600 800 T.

ENTRÉE DE LA GROTTE D'ANTIPAROS.

A.P.D.R.

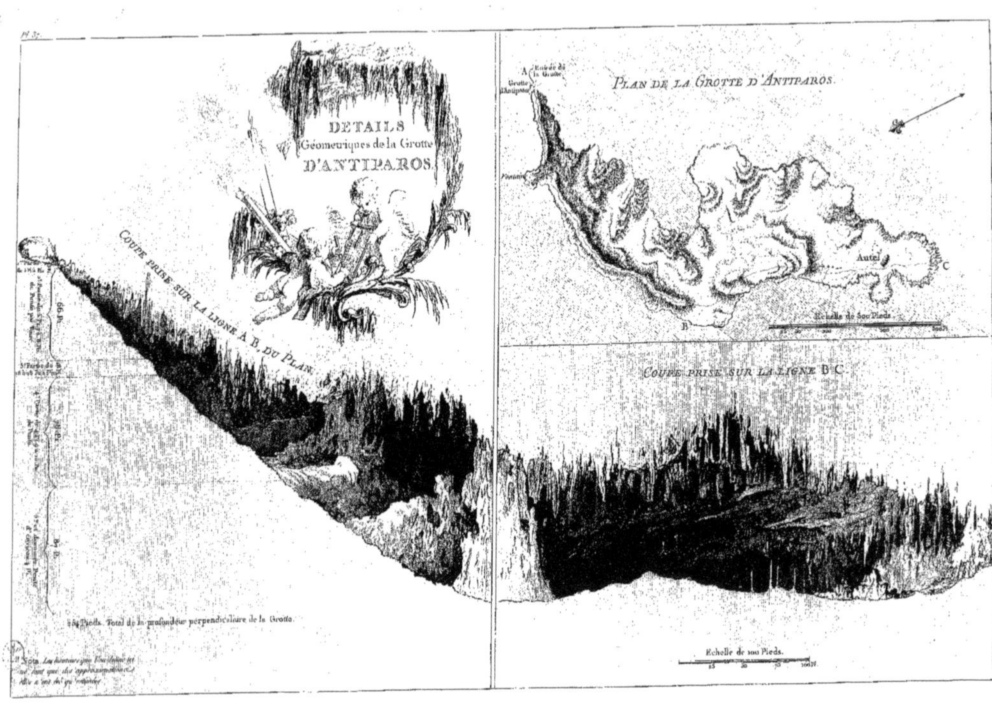

Pl. 37.
DETAILS
Géometriques de la Grotte
D'ANTIPAROS.
COUPE PRISE SUR LA LIGNE A B, DU PLAN.
66 P.
Pieds. Total de la profondeur perpendiculaire de la Grotte.
PLAN DE LA GROTTE D'ANTIPAROS.
A
B
C
Autel
Echelle de 500 Pieds.
COUPE PRISE SUR LA LIGNE B C.
Echelle de 100 Pieds.

Pl. 38.

VUE DE L'INTERIEUR DE LA GROTTE D'ANTIPAROS.

A.P.D.R.

Pl. 30.

VUE DU VILLAGE DE S.T GEORGE DE SKYROS.

A.P.D.R.

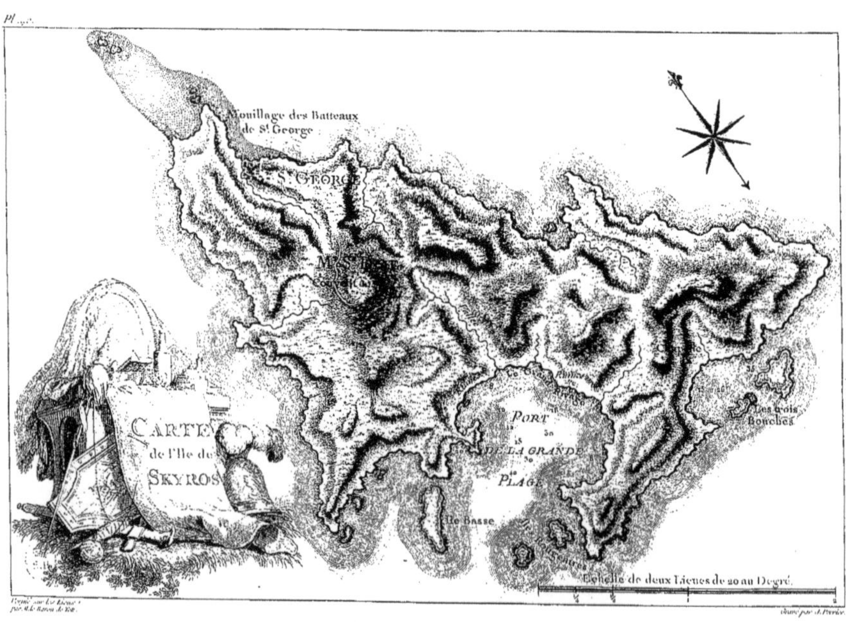

HABITANS DE L'ILE DE LEMNOS.

A. P. D. R.

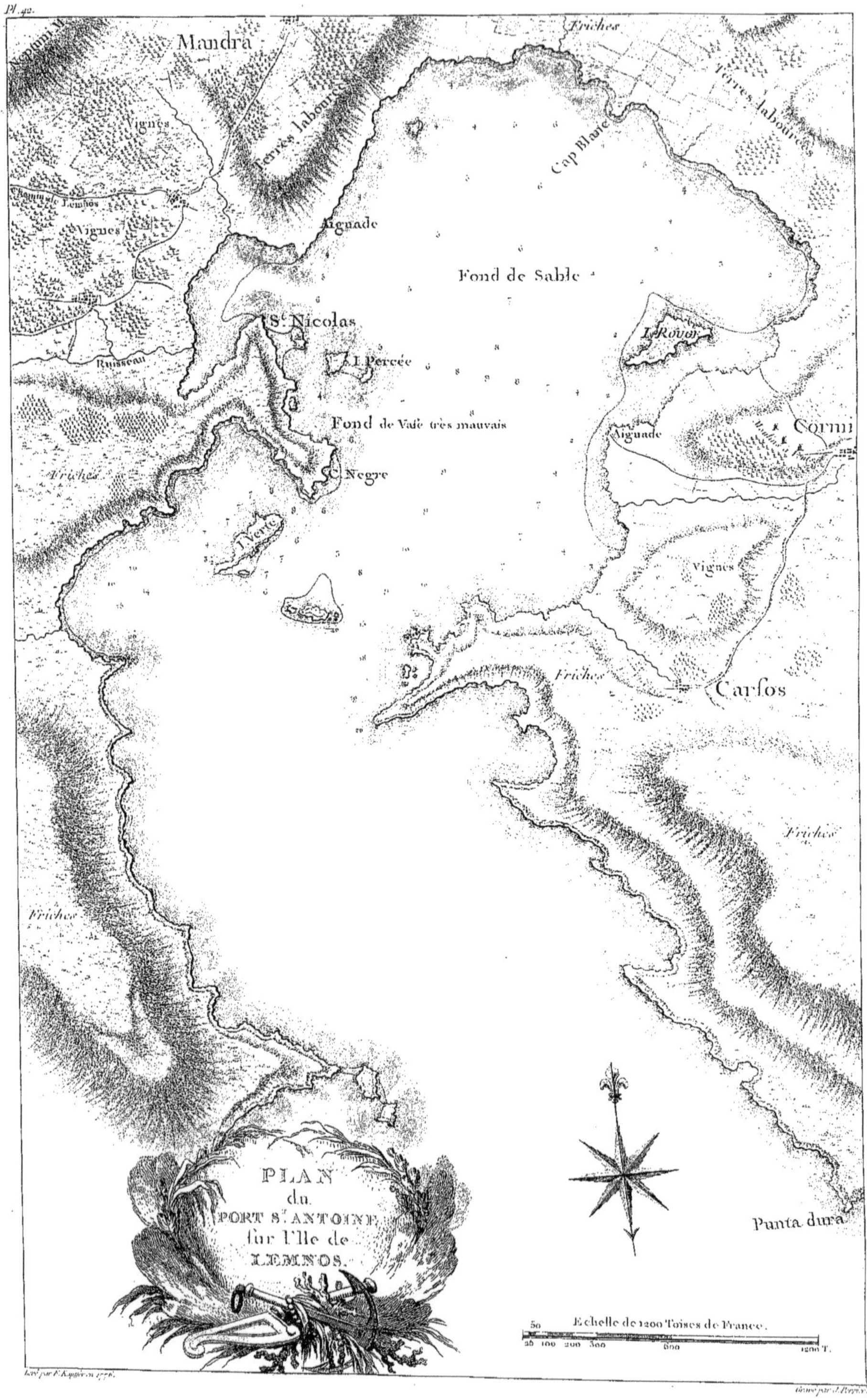
Pl. 42.
Mandra
Vignes
Terres labourées
Friches
Terres labourées
Chemin de Lemnos
Vignes
Aiguade
Cap Blaise
Fond de Sable
St Nicolas
I. Percée
Ruisseau
Fond de Vase très mauvais
C. Negre
Aiguade
Corni
Friches
I. Verte
Vignes
Friches
Carsos
Friches
Friches
Punta dura
PLAN
du
PORT St ANTOINE
sur l'Ile de
LEMNOS
Echelle de 1200 Toises de France.
50
25 100 200 300 600 1200 T.

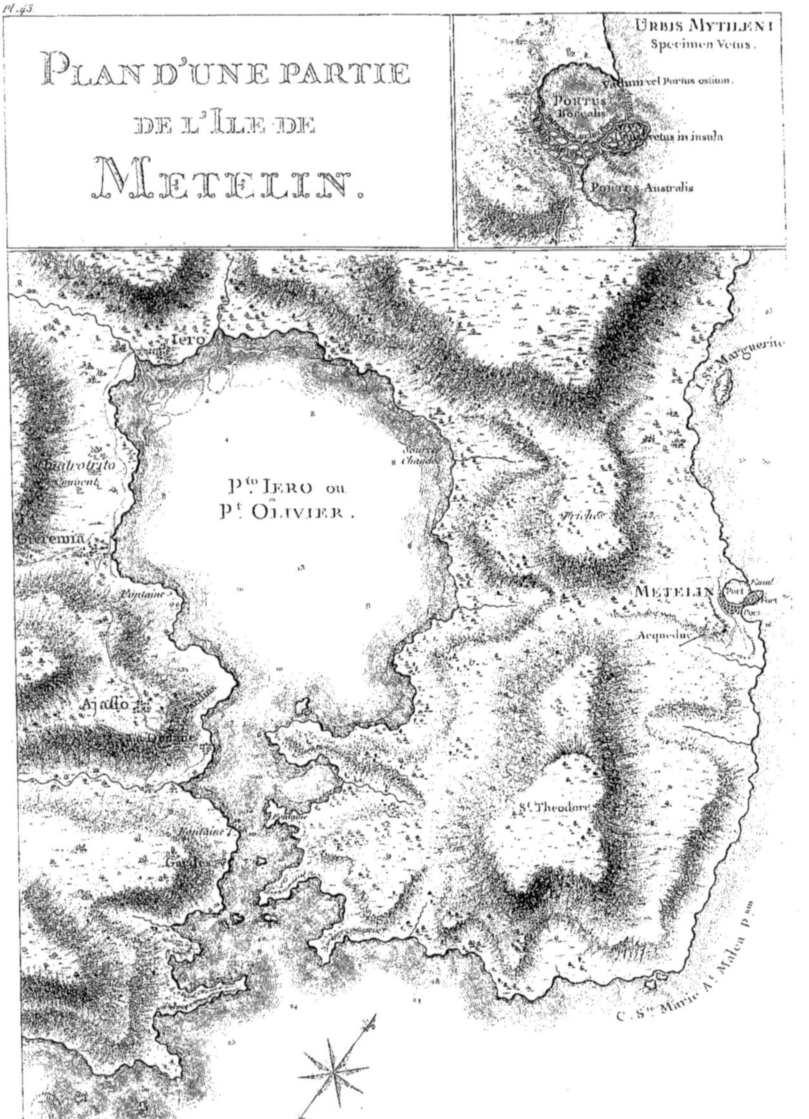

PLAN D'UNE PARTIE DE L'ILE DE METELIN.

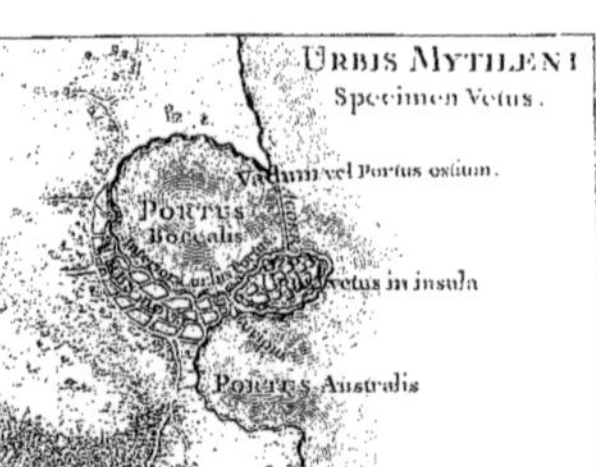

Iero
Chadrotrito Convent
Gieremia
Fontaine
Ajasso
Fontaine
Gardes
P.to IERO ou P.t OLIVIER.
Source Chaude
Trichi
I. S.te Marguerite
METELIN
Port
Aqueduc
S.t Theodore
C. S.te Marie A. Malea P.um

Echelle de Trois Lieues Marines à 20 au Degré.

½ 1 2 3 L.

VUE DE LA VILLE DE METELIN
et de son Port Septentrional.
A.P.D.R.

VUE DU PORT DE SCIO.

A.P.D.R.

VUE DE LA FONTAINE DE SCIO.

A.P.D.R.

Pl. 47.

Dessiné par le Comte De Choiseul-Gouffier.

Gravé par Dequevauviller.

VESTIGES D'UN TEMPLE DE CYBELE

vulgairement appellé l'ecole d'HOMERE.

A.P.D.R.

Pl. 48.

Dessiné par J.B. Hilair.

Gravé par J.L. Delignon.

FEMMES DE L'ILE DE SCIO.

A.P.D.R.

JARDIN DE L'ILE DE SCIO.

A.P.D.R.

Pl. 50.

PLAN
DU PORT DE
TCHESME
et des Manœuvres
de l'Escadre Russe
le 5 et le 7 Juillet
1770.
PREMIER COMBAT
le 5 Juillet 1770.
Amiral
Pointe des Sables
ESCADRE RUSSE
ESCADRE TURQUE à l'Ancre
Cavalerie Turque
CAMP des Turcs
Frégates Turques
Saratof
Sactoslaw
Netron Menia
Ratislaw
Tri Erarchi
St. Janvier
Tri Vetitele
Africa
Bombarde
Nadegda
Postillon
Rasin
Chernichef
Orlow
L'Europe
Brulots
Cap rouge
SECOND COMBAT
la nuit du 7 au 8 Juillet
Galères
Frégates
Navires
TCHESME
Echelle de 500 Toises de France.
50 100 200 300 400 500 T.

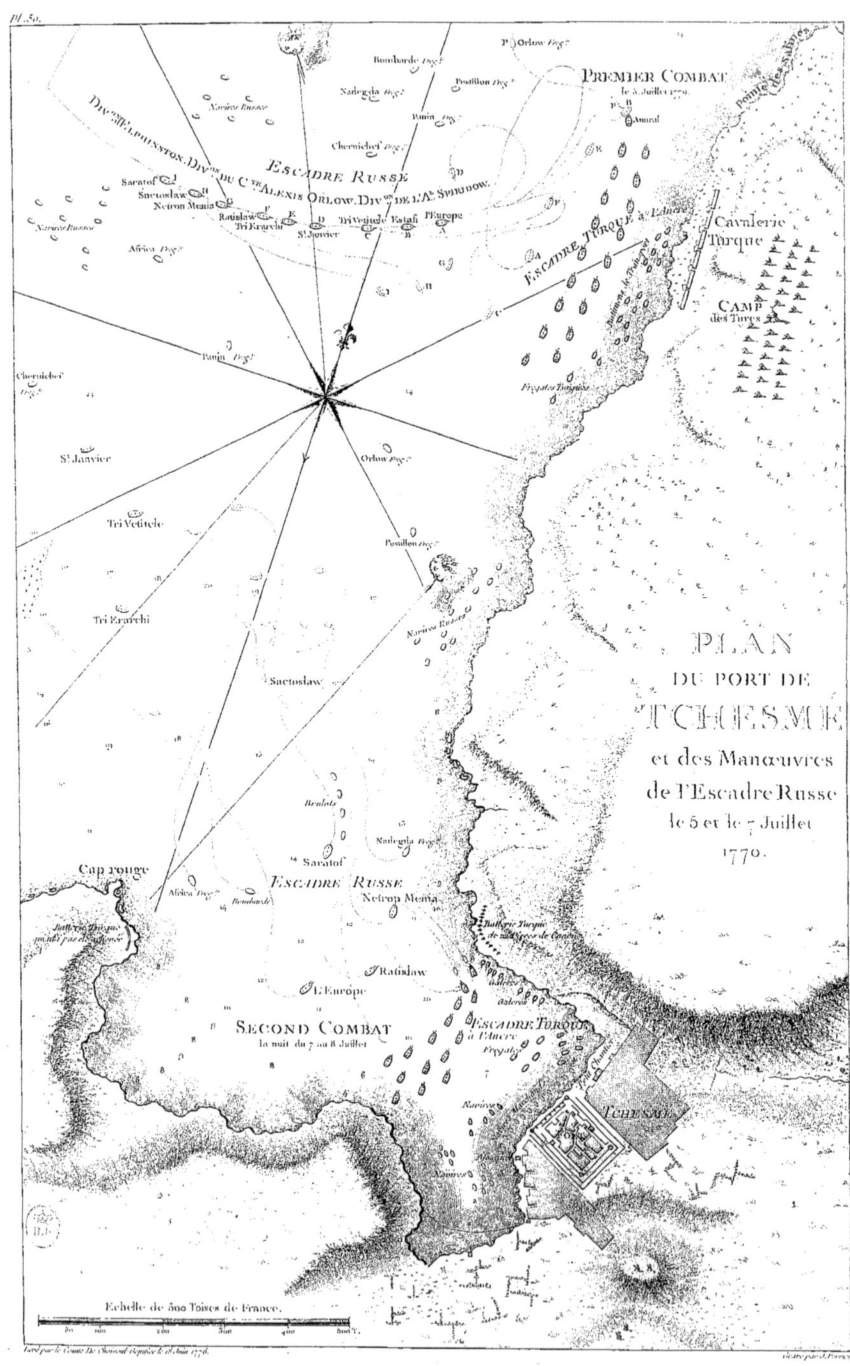

VUE DU PORT ET DE LA VILLE DE CHESMÉ.

A.P.D.R.

Pl. 52.

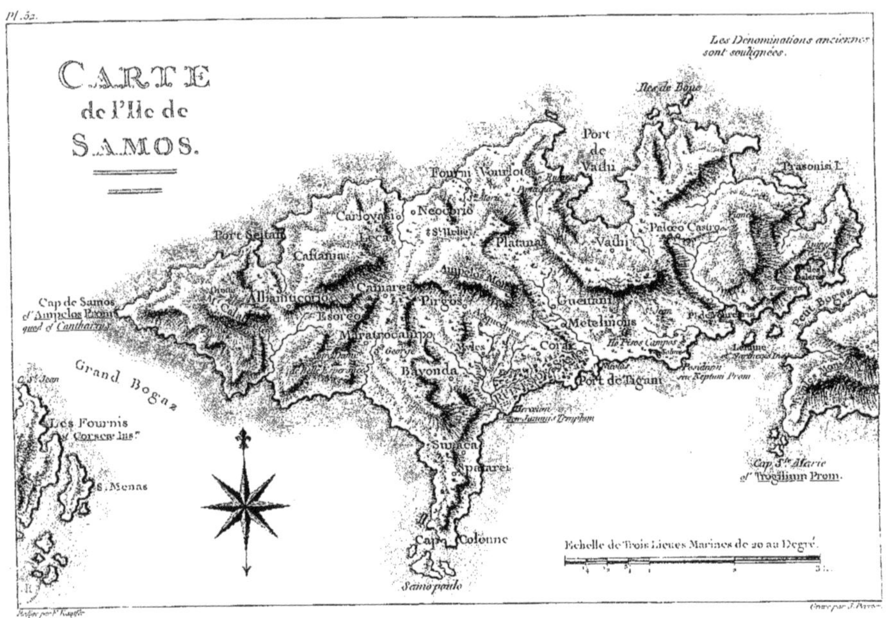

Pl. 53.

VESTIGES DU TEMPLE DE JUNON À SAMOS.

A.P.D.R.

Pl. 54.

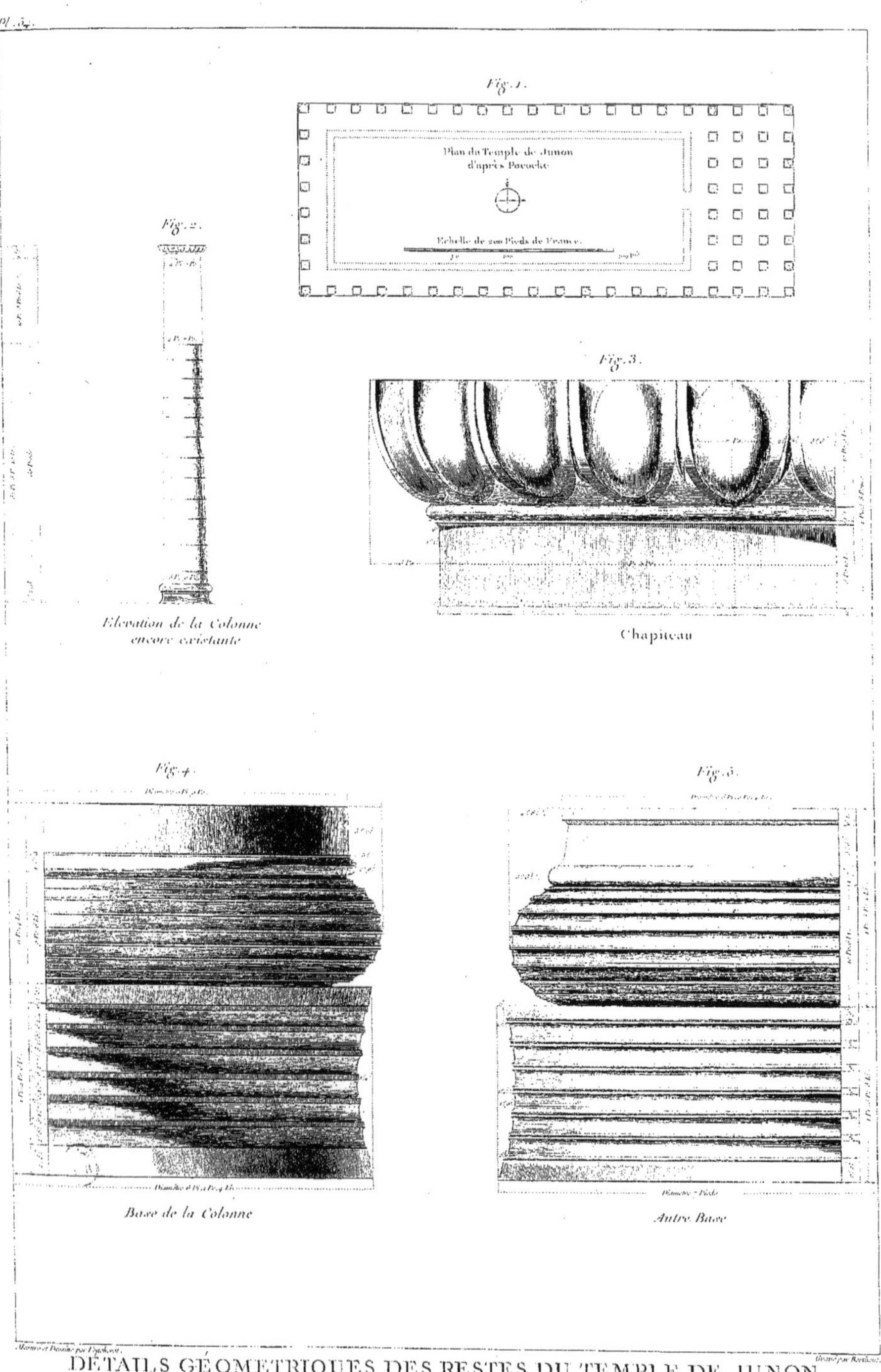

DÉTAILS GÉOMÉTRIQUES DES RESTES DU TEMPLE DE JUNON.

A.P.D.R.

VUE DE L'ILE DE PATHMOS.

A.P.D.R.

VUE DU COUVENT DE PATHMOS.

A. P. D. R.

Pl. 37.

Dessiné par J. B. Hilair. Gravé par J. L. Delignon

VUE INTERIEURE DE L'EGLISE DE L'APOCALIPSE.

A. P. D. R.

Pl. 38.

Dessiné par J. B. Hilair. Gravé par J. B. Tilliard.

FEMMES DE L'ILE DE PATHMOS.

A. P. D. R.

VUE DE LA PLACE PUBLIQUE DE COS.

A.P.D.R.

Pl. 60.

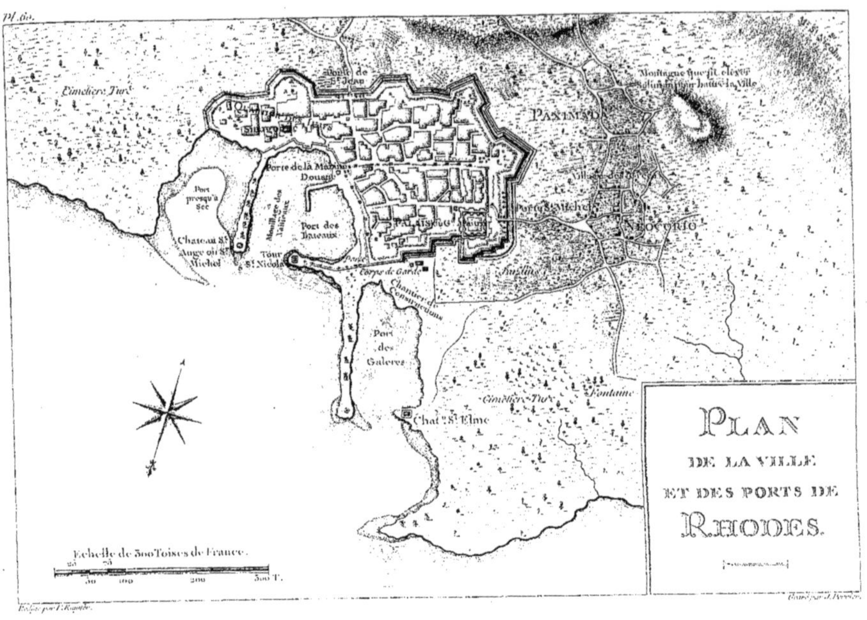

Pl. 61.

VUE DU PORT DES BATEAUX À RHODES.

A. P. D. R.

VUE DE LA TOUR SAINT NICOLAS À RHODES.

A.P.D.R.

Pl. 63.

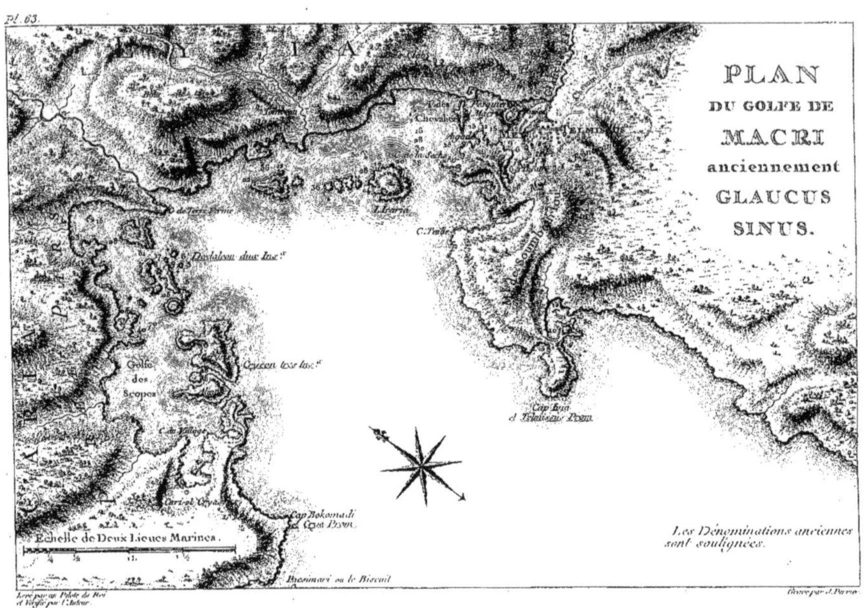

Levé par un Pilote du Roi
et Vérifié par l'Auteur.

Pl. 64.

Dessiné par J. B. Hilair. Gravé par J. Mathieu.

VUE D'UN CHATEAU ET DE PLUSIEURS TOMBEAUX PRÈS DES RUINES DE TELMISSUS.

A.P.D.R.

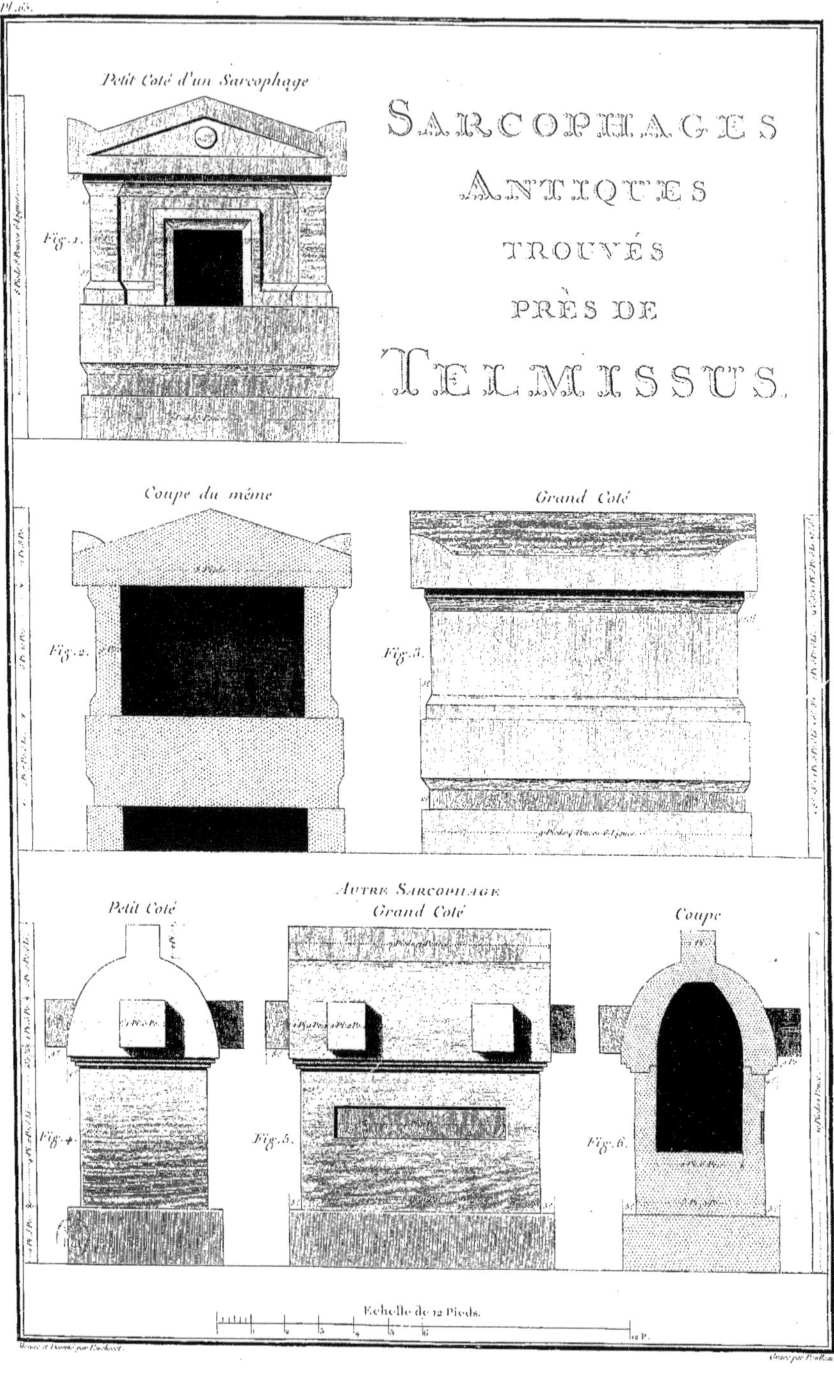
SARCOPHAGES
ANTIQUES
TROUVÉS
PRÈS DE
TELMISSUS.
Petit Coté d'un Sarcophage
Fig. 1.
Coupe du même
Fig. 2.
Grand Coté
Fig. 3.
Autre Sarcophage
Petit Coté
Grand Coté
Coupe
Fig. 4.
Fig. 5.
Fig. 6.
Echelle de 12 Pieds.

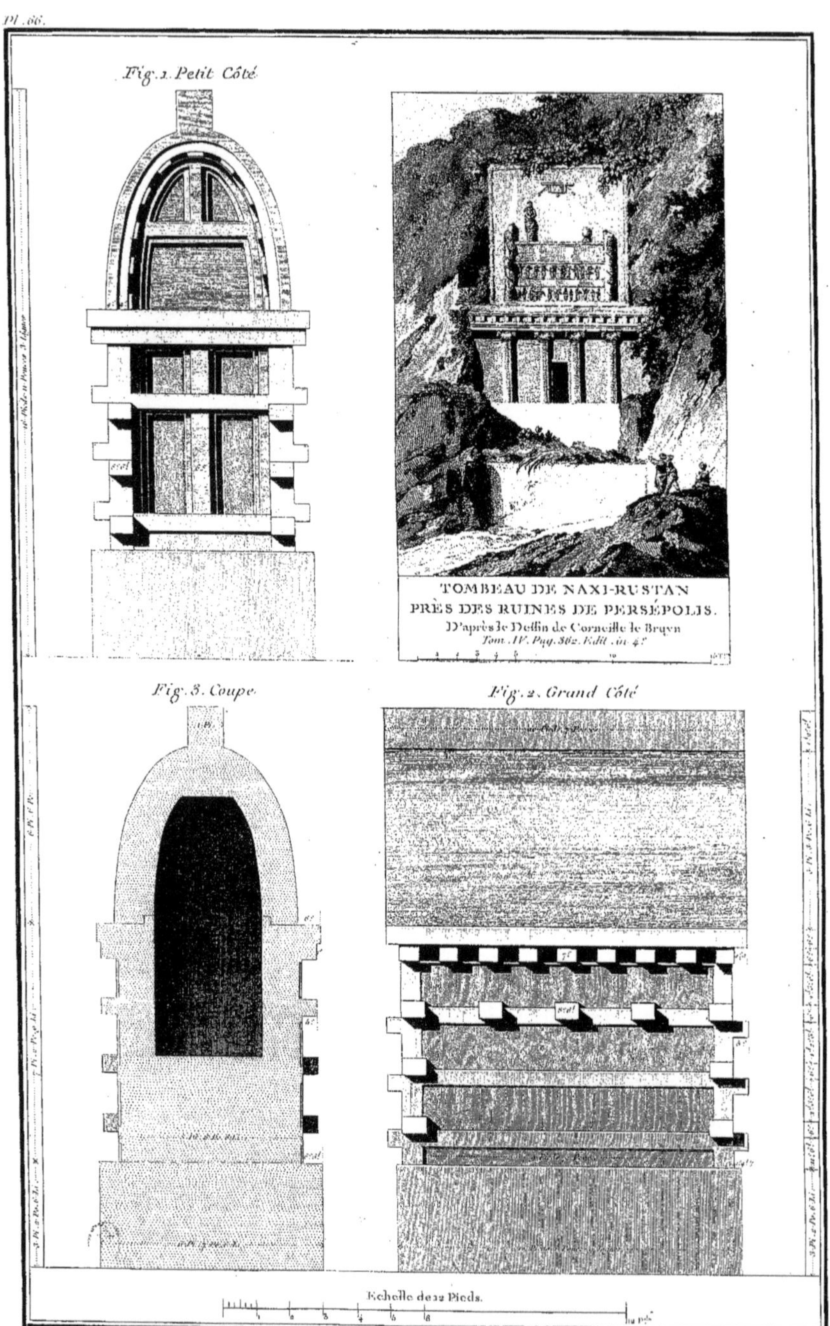

Mesuré et Dessiné par Foucherot. — Gravé par Poulleau.

SARCOPHAGE.

VUE DE LA MONTAGNE DES TOMBEAUX PRÈS DE TELMISSUS.

A.P.D.R.

ÉLÉVATION D'UN DES TOMBEAUX TAILLÉS DANS UNE MONTAGNE, VOISINE DE TELMISSUS.

PLAN DE CE TOMBEAU.

Echelle de 24 Pieds.

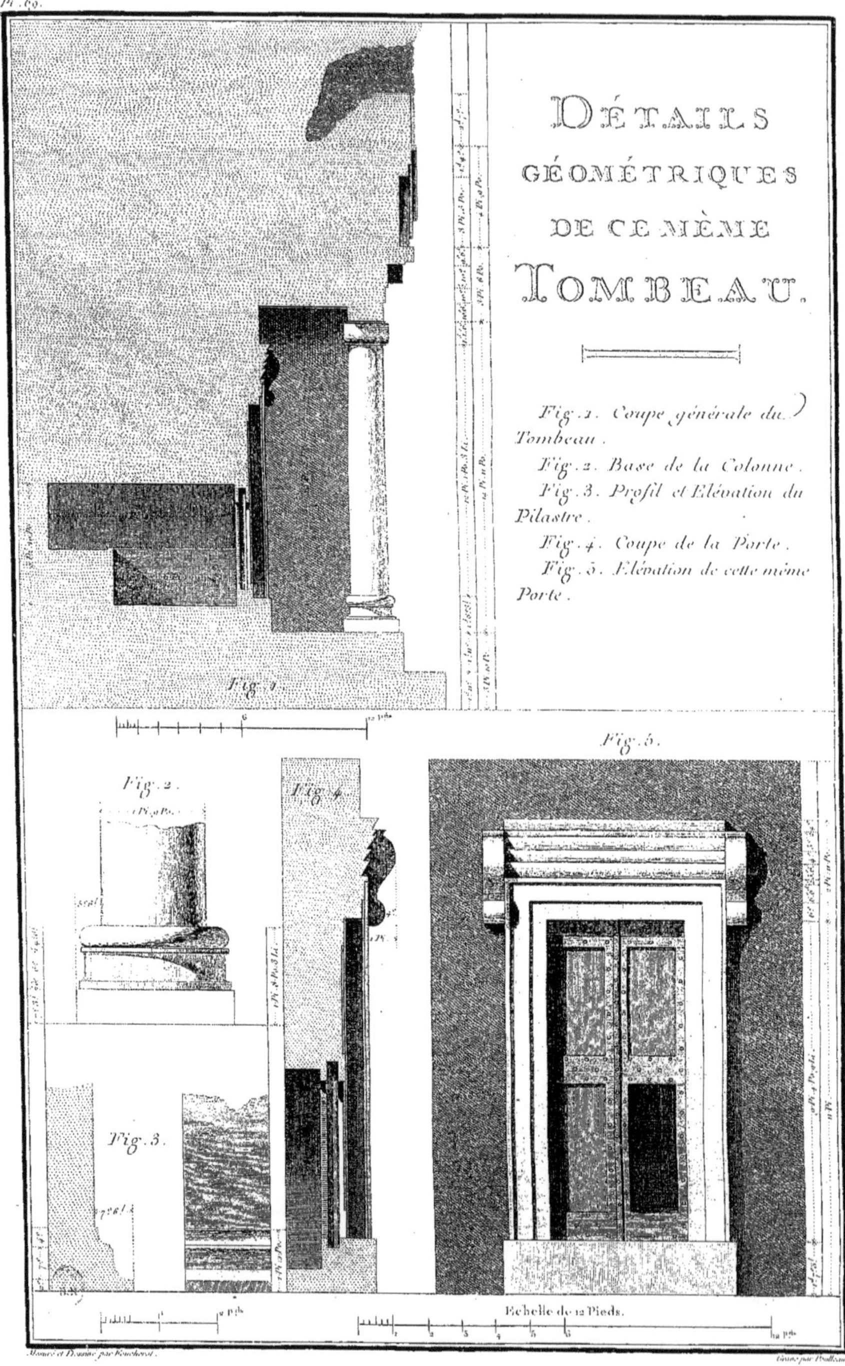

Mesuré et Dessiné par Foucherot. Gravé par Poulleau.

SUITE DES ANTIQUITÉS DE TELMISSUS.

Fig. 1. Élévation d'un Tombeau taillé dans le Roc.

Fig. 2. Coupe du même Tombeau.

Fig. 4. Fragmens en marbre blanc.

Fig. 3. Plan du même Tombeau.

Fig. 5. Porte du Théâtre cy après.

Echelle de 6 Pieds.

Echelle de 2 Pieds.

Levé et Dessiné par Foucherot. Gravé par Poulleau.

VUE D'UN THÉATRE DE TELMISSUS.

A.P.D.R.

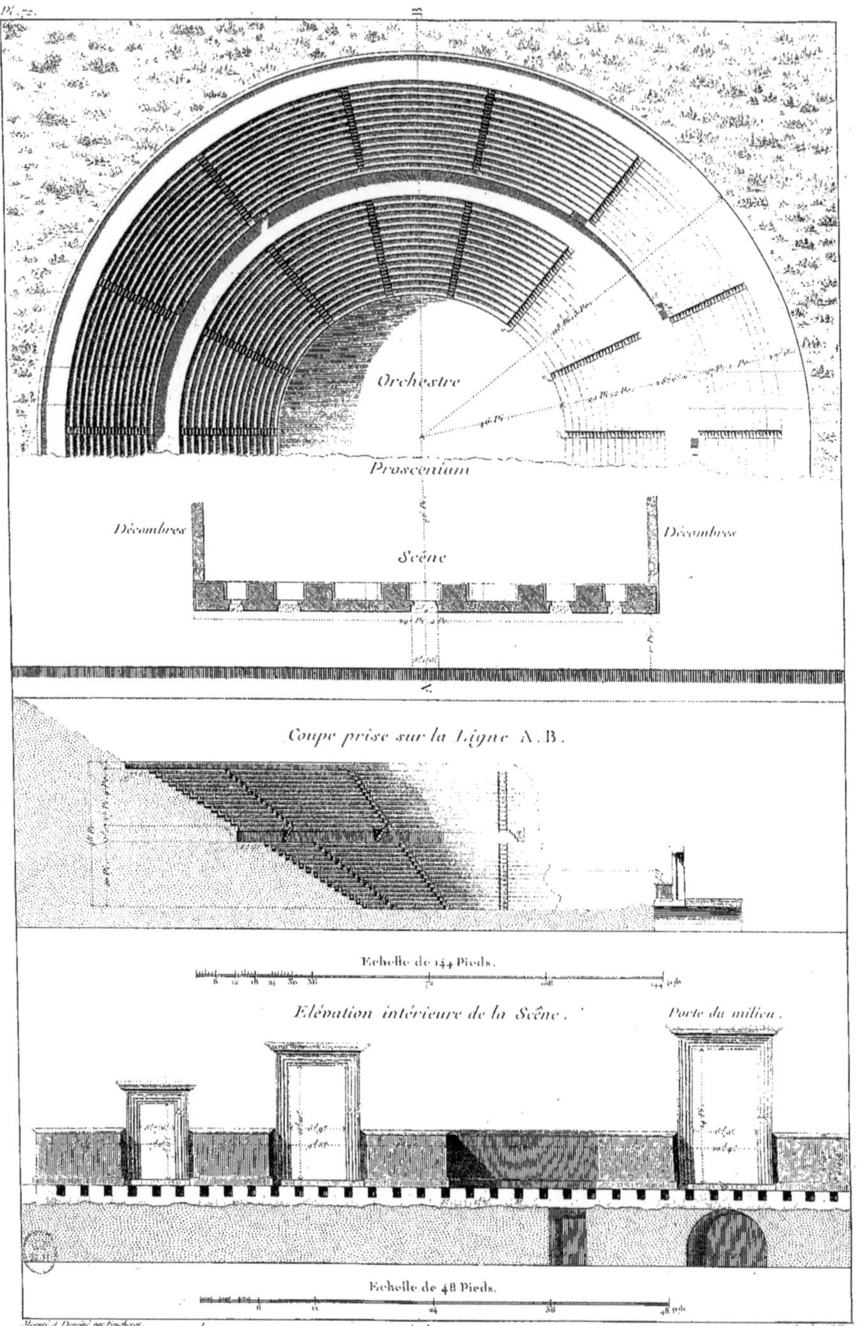

DÉTAILS D'UN THÉÂTRE DE TELMISSUS.

A.P.D.R.

Pl. 73.

CARTE
DÉTAILLÉE
de la Route
DE L'AUTEUR,
Depuis le Golfe de Macri,
jusqu'au Méandre.
Lieues Marines de 20 au Degré.
Lieues de France de 2500 Toises.
Milles de 60 au Degré.
Les Dénominations anciennes sont soulignées.
SAMOS
Samo-poulo
Nacri
Agatho-nisi
C. de l'Arbre
Fermaco ol. Pharmacusa
C. Gumichlu ou Angeli
I. St. Nicolo
Iassius Sinus
Boudroun
Halicarnassus
Cos
STAN-CO
GOLFE DE STAN-CO ol. CERAMICUS SINUS
Keramo ol. Ceramus
C. Crio ol. Triopium
Cnide
Gallipoli
Golfe de Symi ol. Doridis Sinus
Symi ol. Syme
Limonia
Karki
C. St. Antoine
C. de Volpe ol. Cynossema
RHODES
RHODES ol. RHODUS
Lindo ol. Lindus
C. St. Jean
Adchova
Magnesia
Sukeui
Bojuc Minder
le Grand Méandre
Guzel-Hissar ol. Tralles
Salashi
Carpoush
Heraclea
Alabanda
Kiseljick
Euromus
Iassus
Melasso
Labranda
Arabi-Hissar ol. Pedasus
Eski-Hissar
Stratonicea
Mouglah
Alinda
Physcus
Kaigue ol. Caunus
Calynda
Calynthici Montes
I. Pelouso
GOLFE DE ol. GLAUCUS
MACRI SINUS
C. Bekomadi
Daedala
Glaucus
Mey ol. Telmissus
Porto Symbolo
C. de Macri
les Sept Caps
LYCIA
Essenidé ol. Xanthus
I. du Serpent
Patera ol. Patara
I. Polecellis
Gravé par J. Perrier.

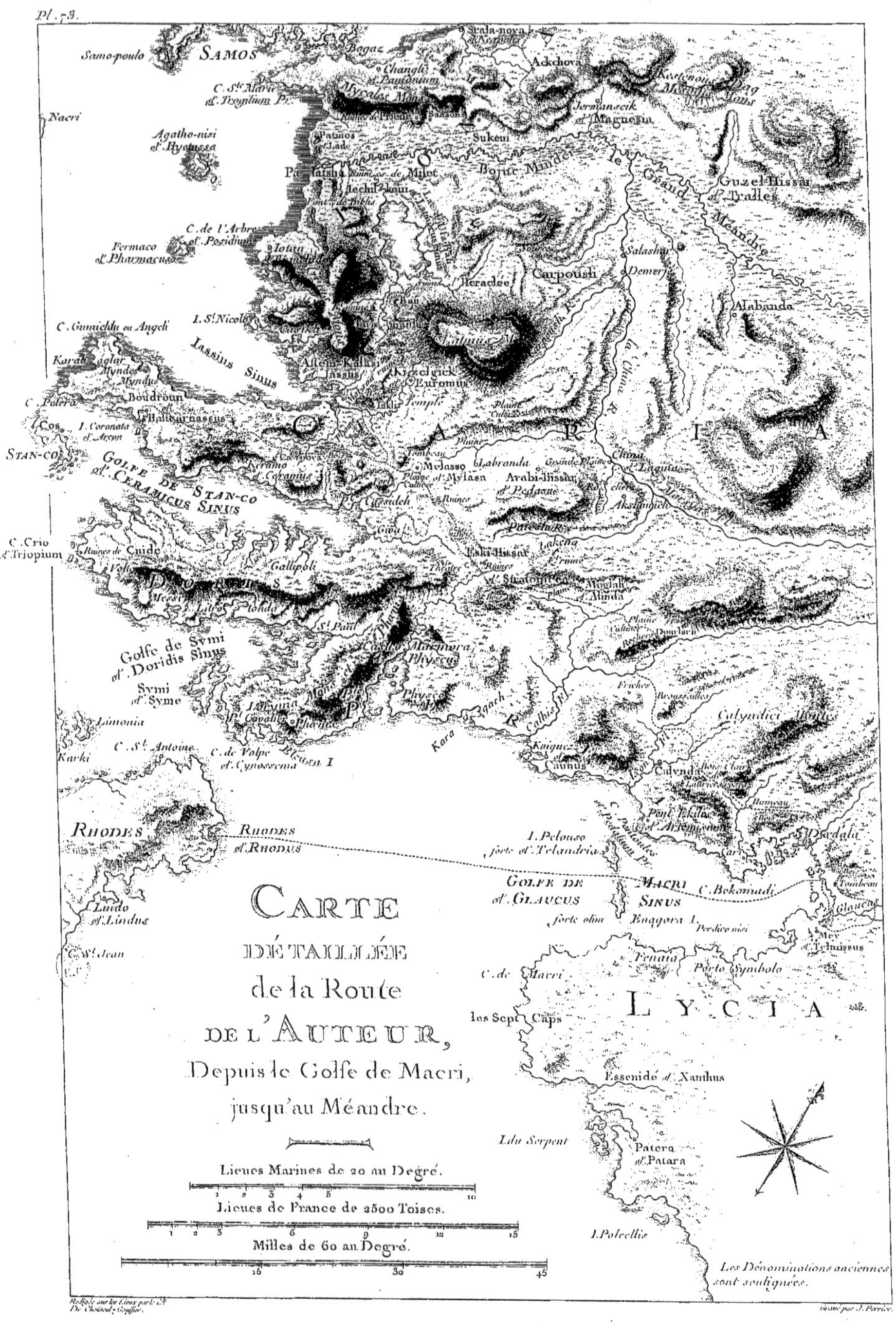

HALTE DES VOYAGEURS PRÈS DE DOURLACH, DANS LA CARIE.

A. P. D. R.

RÉCEPTION DE L'AUTEUR CHEZ HASSAN TCHAOUSCH-OGLOU.

A.P.D.R.

Pl. 76.

Dessiné par J. B. Hilair. *Gravé par C. N. Varin.*

Palais de l'Aga d'Eski-Hissar.

Pl. 77.

Dessiné par J. B. Hilair. *Gravé à l'eau forte par Queverdo et terminé au burin par Dambrun.*

Fête turque.

Pl. 78.

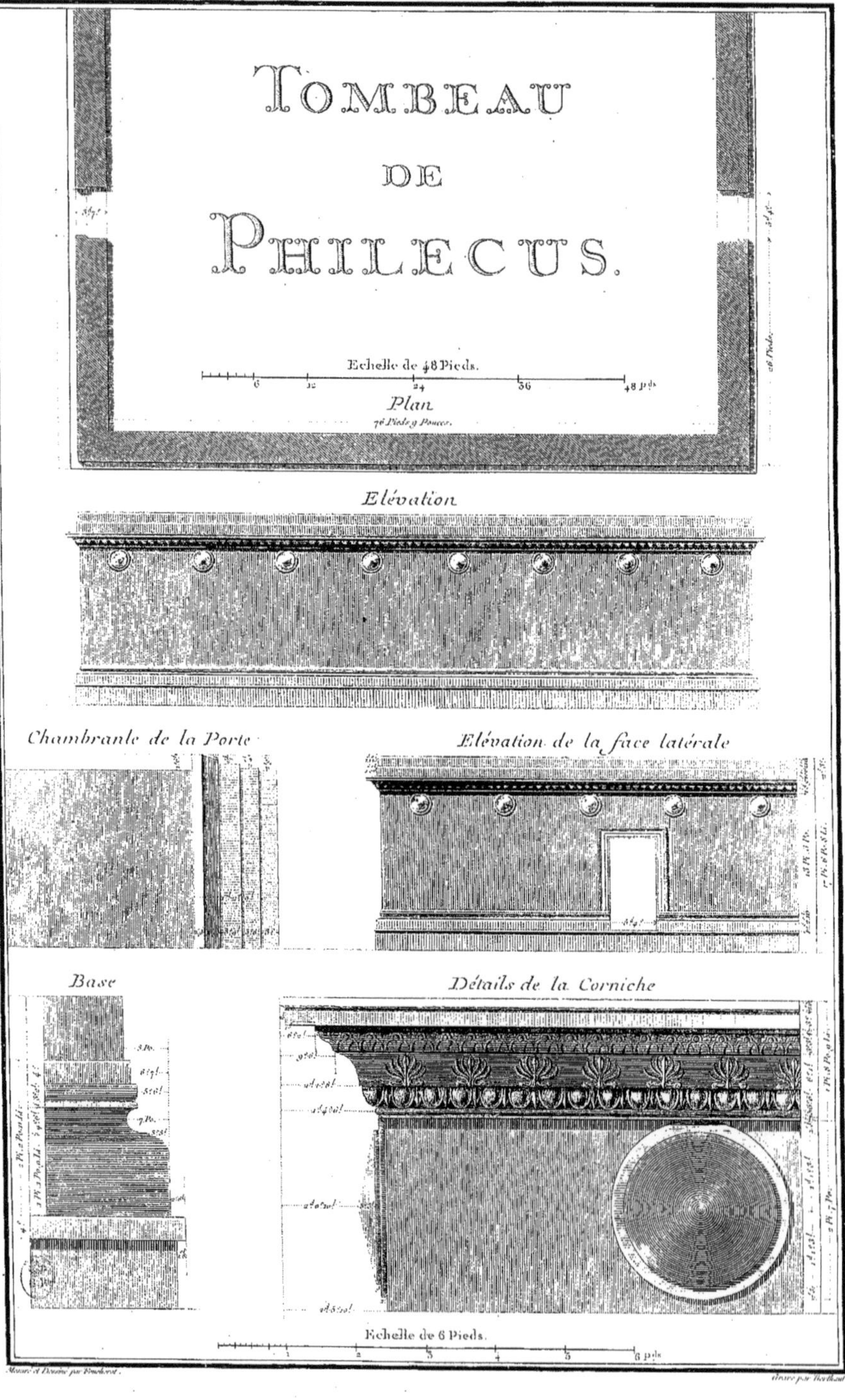

Mesuré et Dessiné par Fouchérot. Gravé par Berthault.

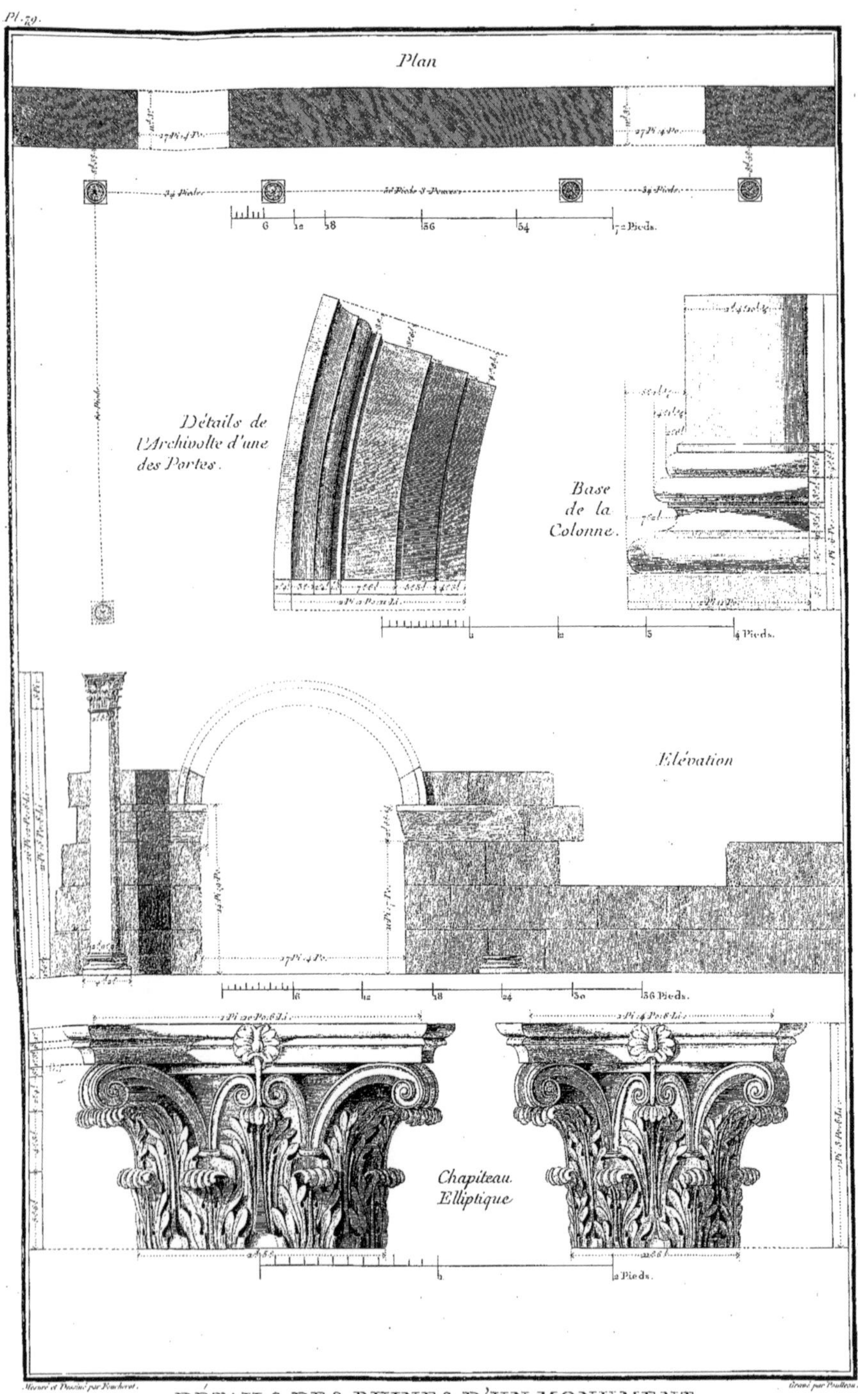

Mesuré et Dessiné par Foucherot. Gravé par Poulleau.

DÉTAILS DES RUINES D'UN MONUMENT.

Pl. 80.

RUINES DE STRATONICÉE.

A.P.D.R.

Pl. 81.

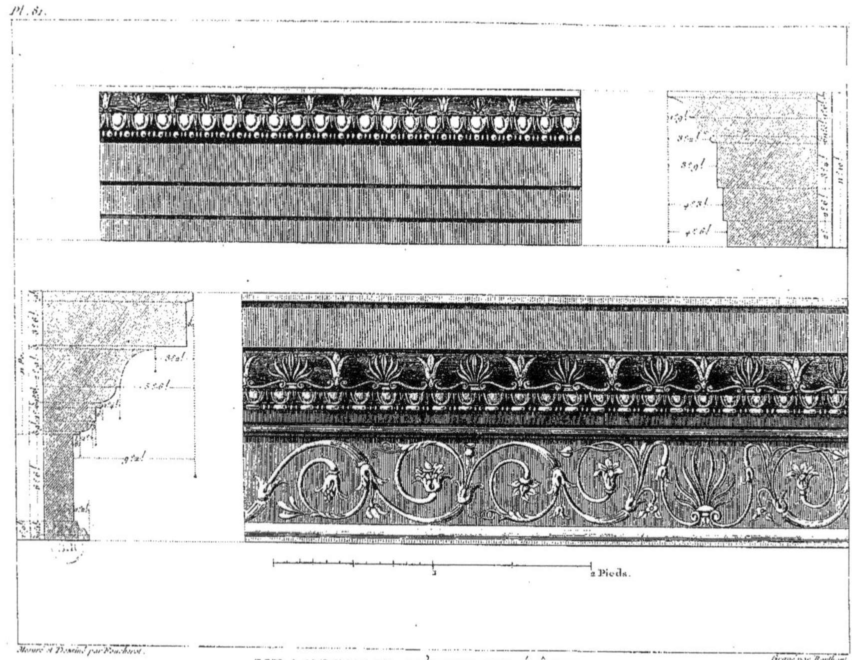

FRAGMENS D'UN THÉATRE.

Divers Fragmens de Stratonicée.

Fig. 1.

Fig. 2.

Fig. 3.

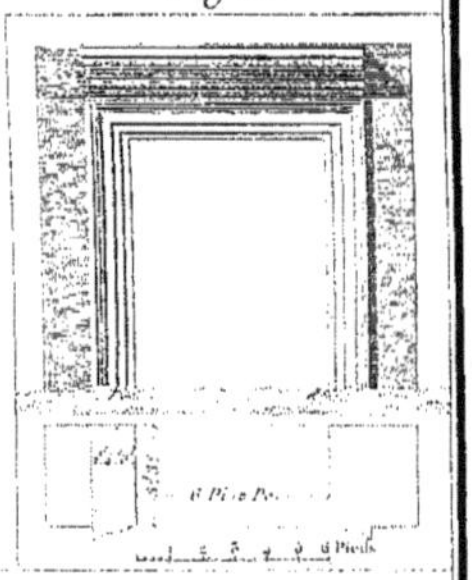

Fig. 4.

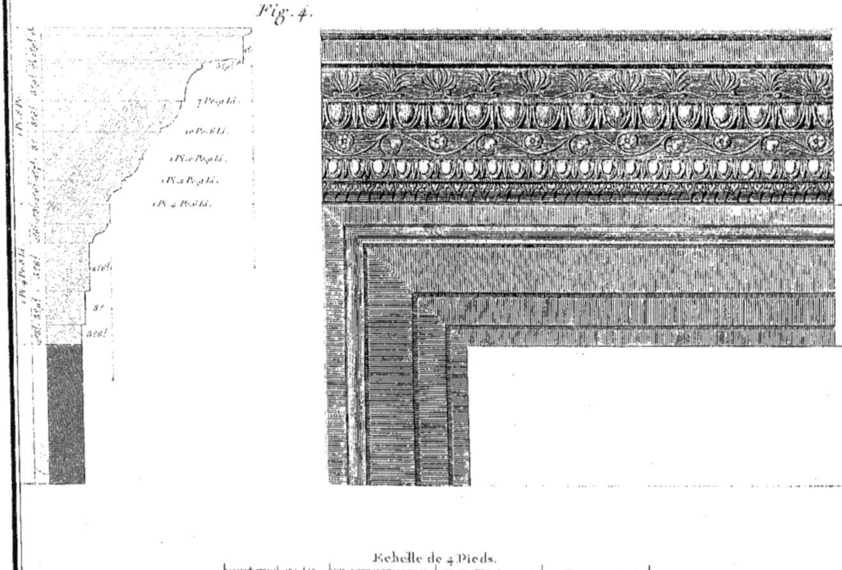

Echelle de 4 Pieds.

Mesuré et Dessiné par Foucherot. Gravé par Berthault.

Pl. 83.

Dessiné par J. B. Hilair.

Gravé à l'eau forte par Berthaut et terminé au burin par N. C. Livre.

Temple d'Auguste à Mylasa.

Pl. 84.

Dessiné par Foucherot.

Gravé par Poulleau.

Plan et Détails du même Temple.

Tombeau près de Mylasa.

ELEVATION DU TOMBEAU DE MYLASA

Mesuré et dessiné par Foucherot

Gravé par Berthault

Pl. 8.

COUPE DU TOMBEAU DE MYLASA.

Mesuré et Dessiné par Foucherot. Gravé par Berthault.

Mesuré et Dessiné par Foucherot. Gravé par Choffard.

Détails du même Tombeau.

Mesuré et Dessiné par Ponchevet. Gravé par Poulleau.

Détails du même Tombeau.

Pl. 90.

Dessiné par J. B. Hilaire — Gravé par N. C. Varin.

VUE D'UNE PORTE DE MYLASA

Pl. 91.

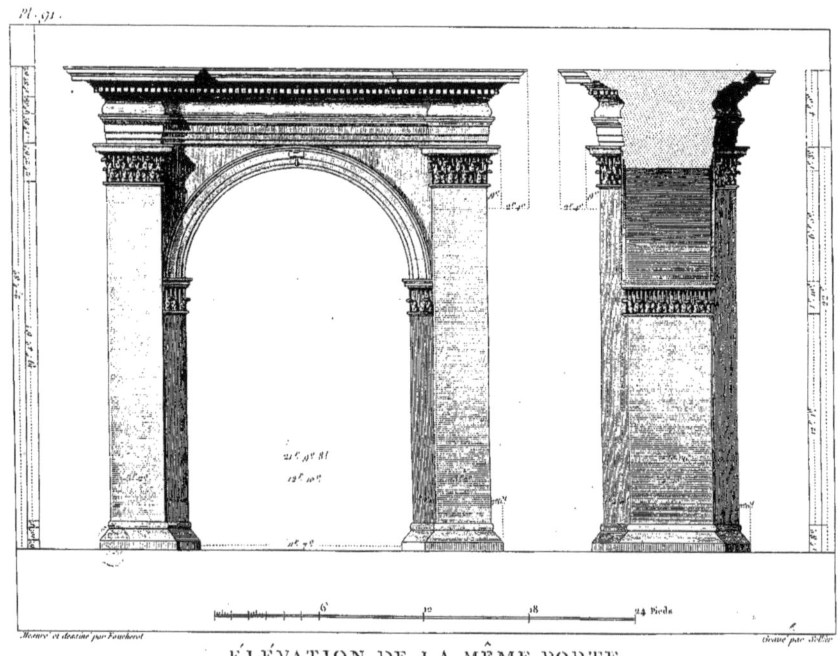

Mesuré et dessiné par Foucherot — Gravé par Sellier

ÉLÉVATION DE LA MÊME PORTE

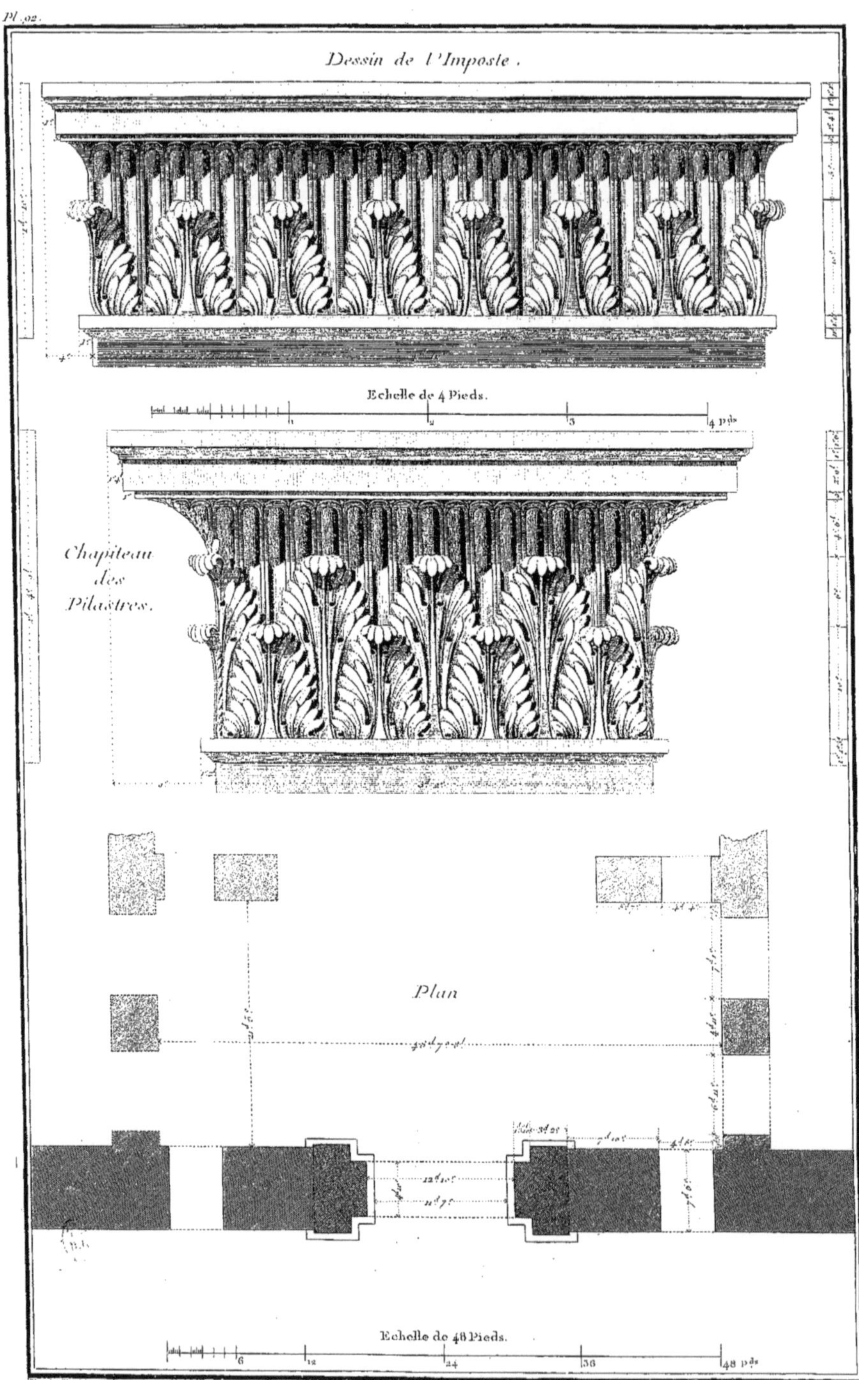

Détails de la Porte de Mylasa.

Pl. 98.

Fig. 1re

Fig. 2.

Fig. 3.

Fig. 4.

Dessiné par J. B. Hilair. Gravé par N. Le Mire.

HABITANS DE LA CARIE

Pl. 94.

Dessiné par J. B. Hilair. Gravé par Liénard.

Pl. 95.

Dessiné par J. B. Hilair. Gravé par Liénard.

Route de Melasso à Boudroun.

Pl. 96.

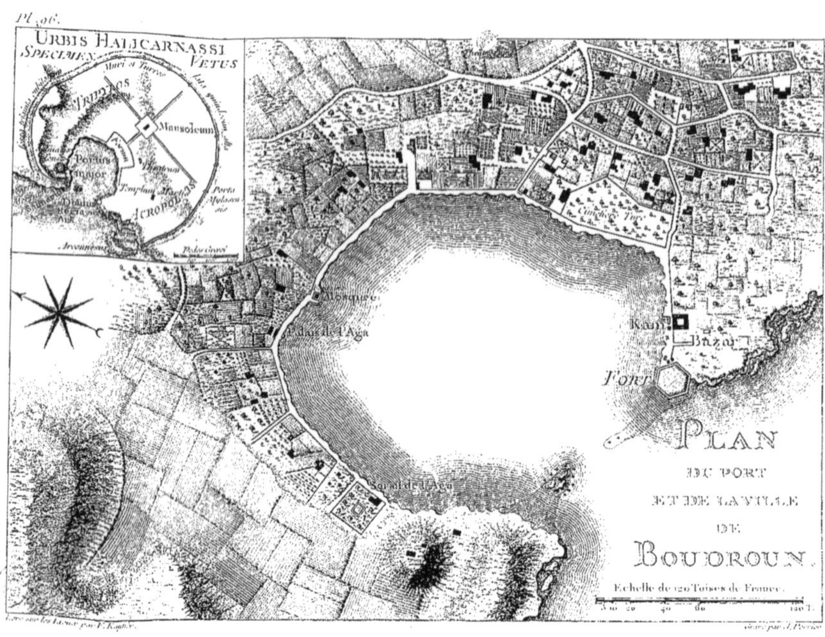

Pl. 97.

Vue du Port et de la Citadelle de Boudroun.

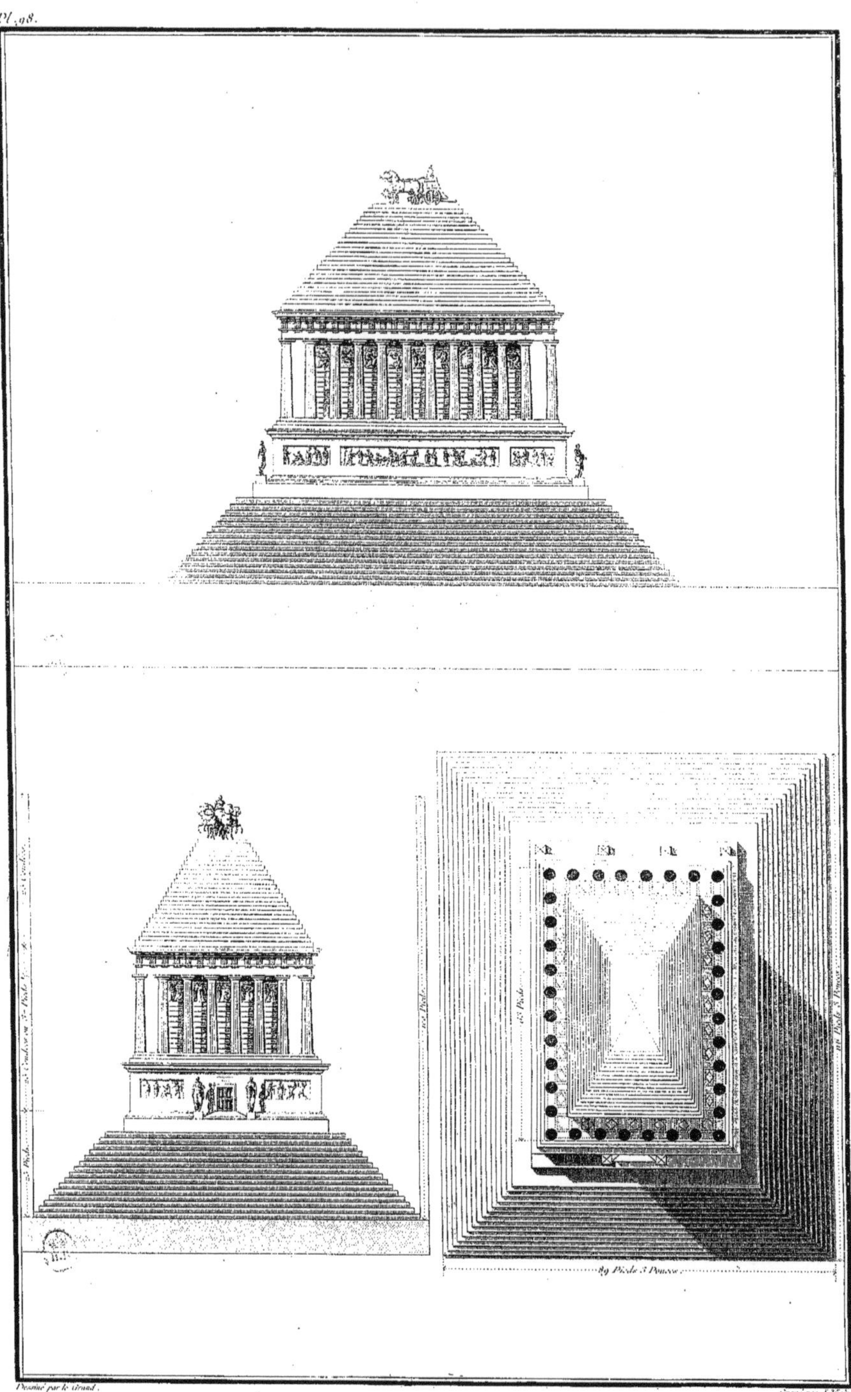

Dessiné par le Grand. Gravé par J. Varin.

Conjectures sur le tombeau de Mausole.

Ruines du Temple de Mars.

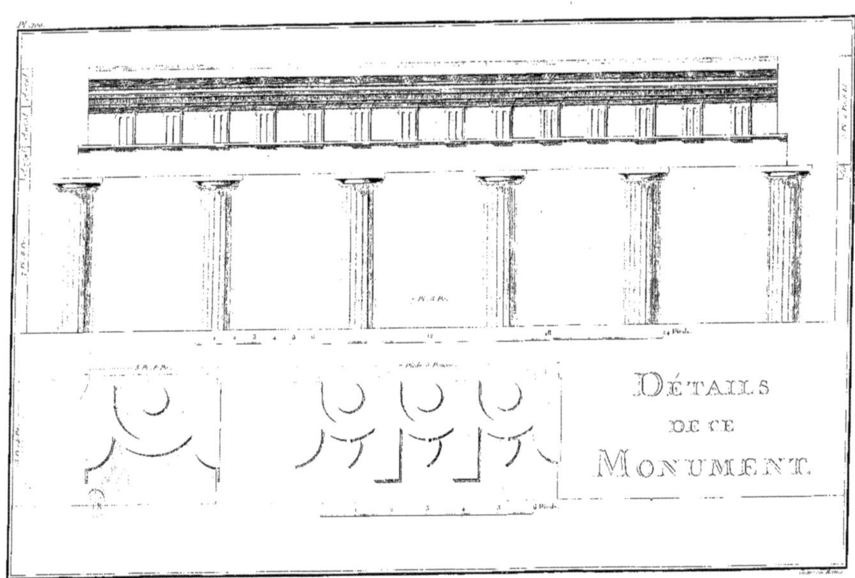
Pl. 200.
DÉTAILS
DE CE
MONUMENT.

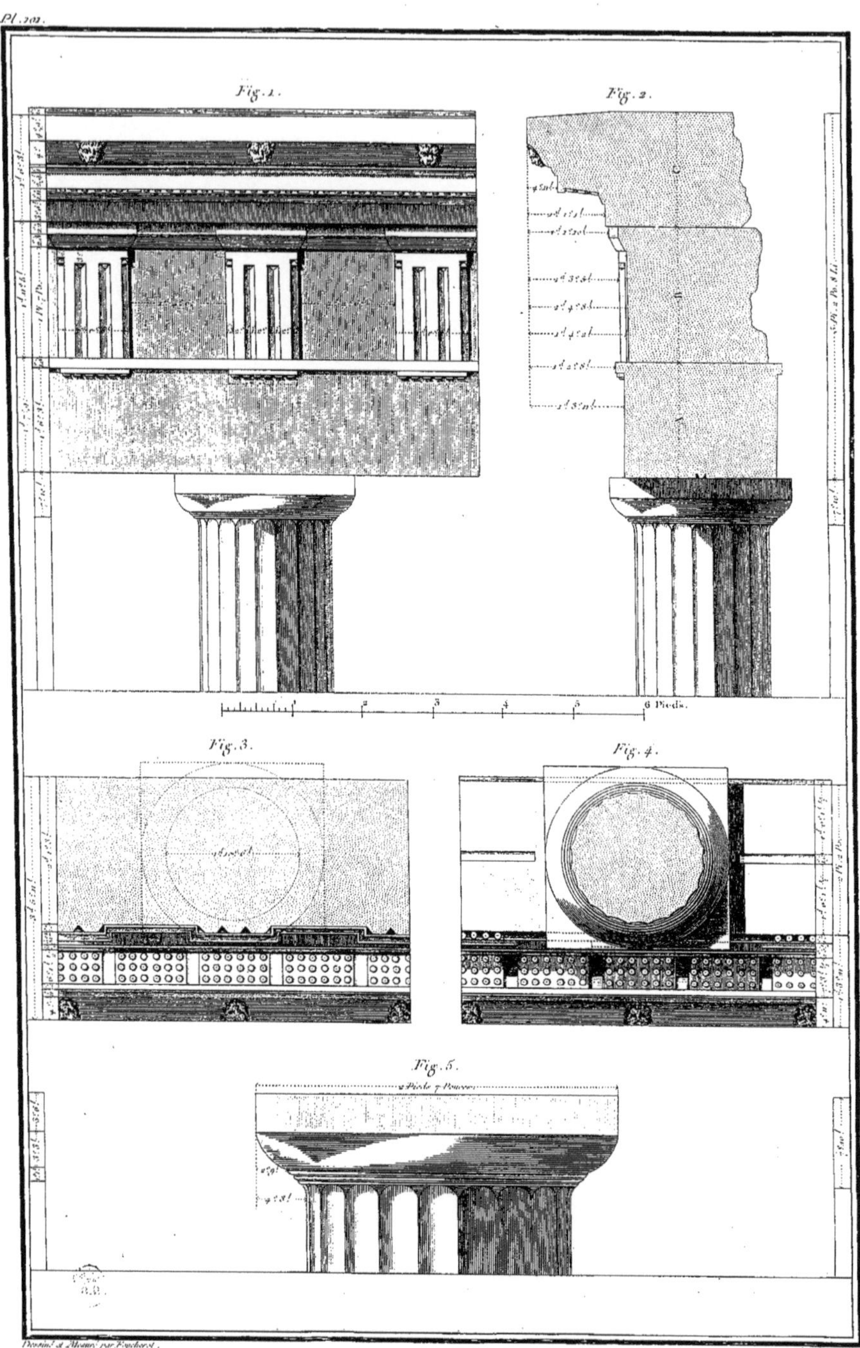

Dessiné et Mesuré par Foucherot. Gravé par Sellier.

Détails de ce monument.

Pl. 102.

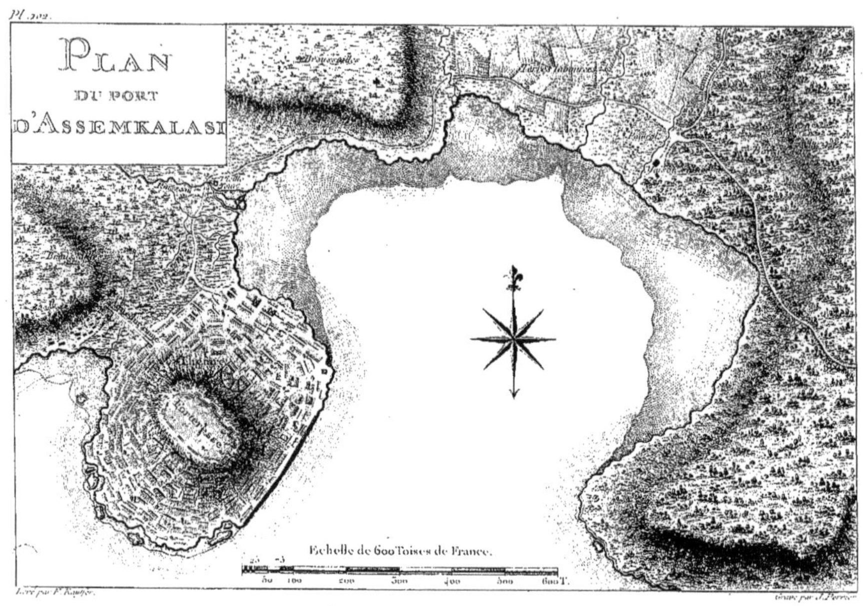

Pl. 103.

Vue du même Port.

Caravane.

Ruines d'un Temple à Euromus.

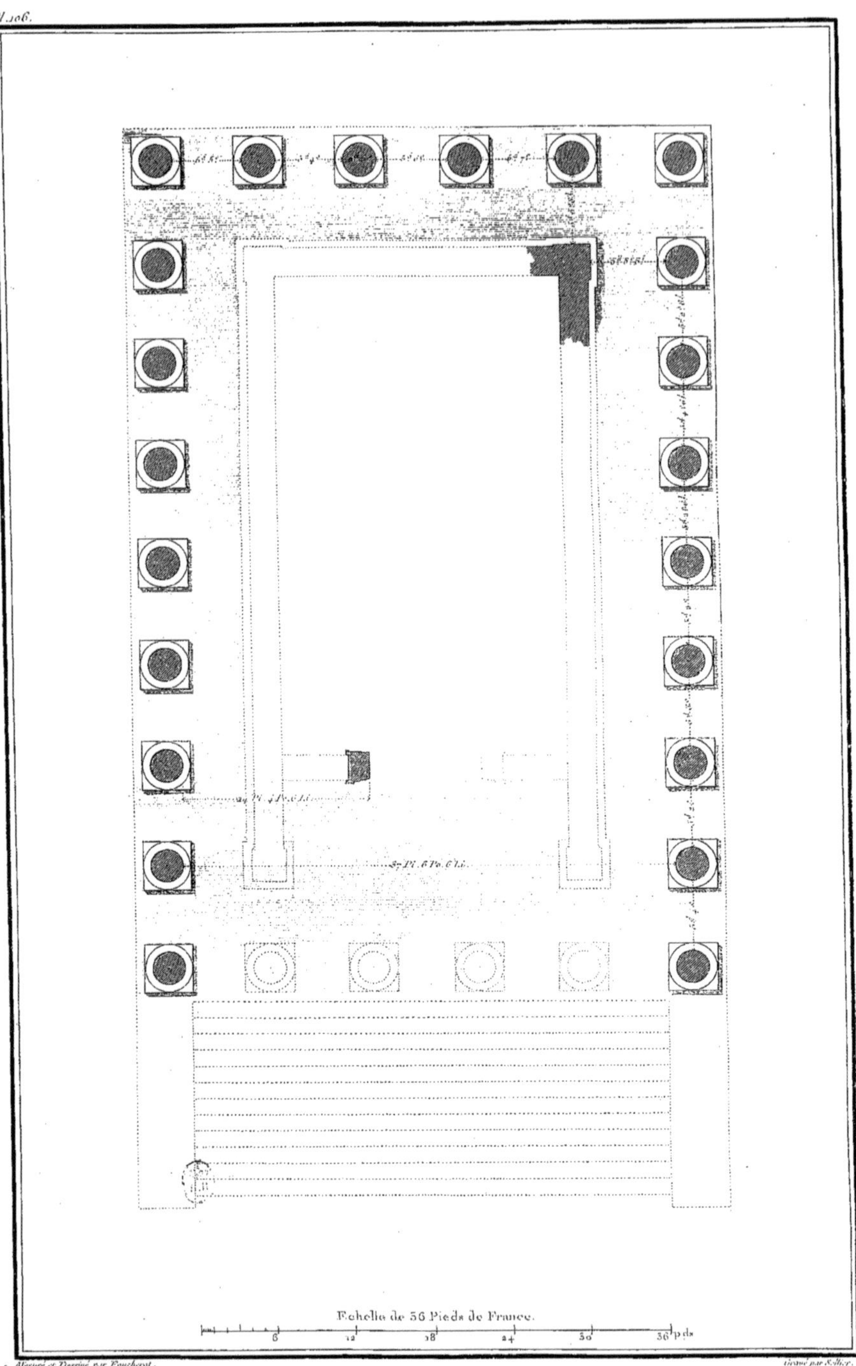

Mesuré et Dessiné par Foucherot. Gravé par Sellier.

Plan d'un Temple Periptère à Euromus.

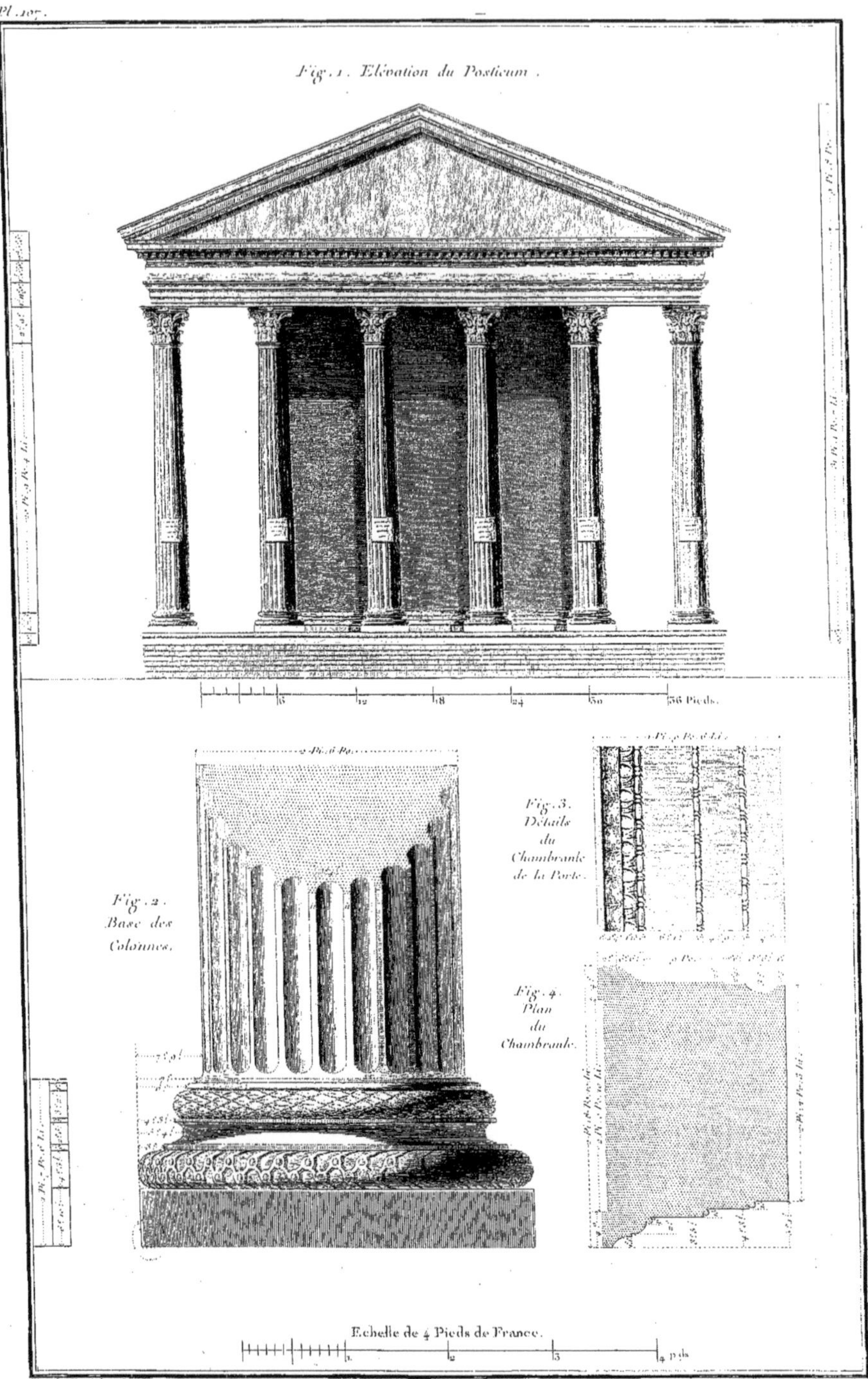

Mesuré et Dessiné par Fouchérot. Gravé par Poulleau.

Détails du même monument.

Mesuré et Dessiné par Fouchérot. Gravé par Poulleau.

Détails du même Temple.

Pl. 109.

Mesuré et Dessiné par Faucherot.

Gravé par Poulleau.

Détails du même Edifice.

Pl. 110.

Dessiné par J. B. Hilair. Gravé par Liénard.

Tournoi turc.

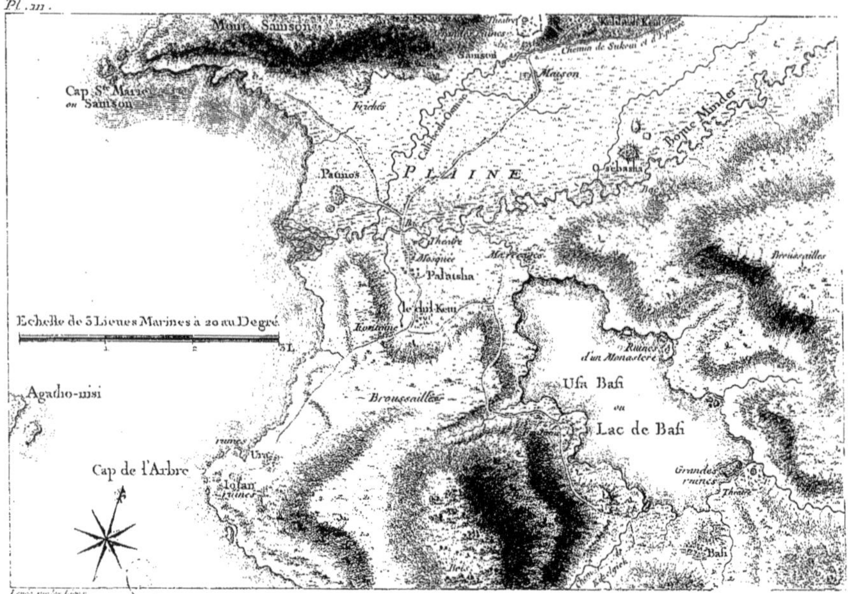

Carte des environs de Palatsha.

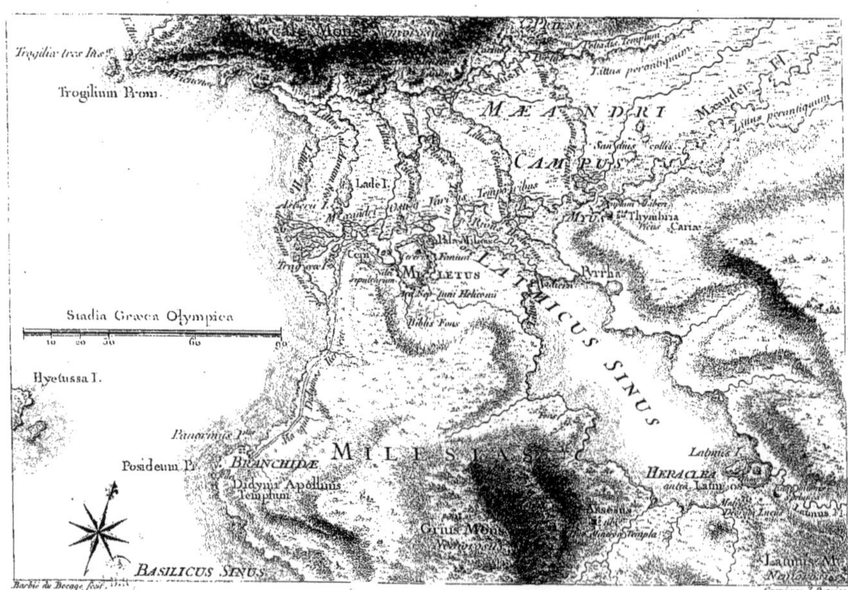

Mileti vicinia variis temporibus.

Pl. 112.

Dessiné par J. B. Hilair. Gravé par J. Mathieu.

Sic lacrymis consumpta suis Phœbeïa Byblis
Vertitur in fontem, qui nunc quoque vallibus illis
Nomen habet Dominæ; nigrâque sub ilice manat.

Ovid. Meta. Lib. IX.

Pl. 113.

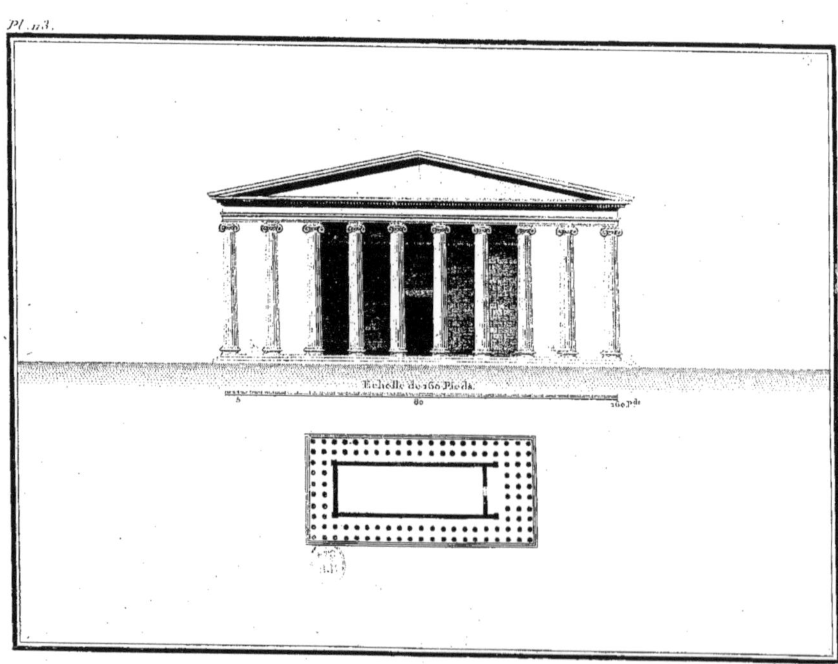

Gravé par J. Poulx.

Plan et Élévation du Temple d'Apollon Didyme.

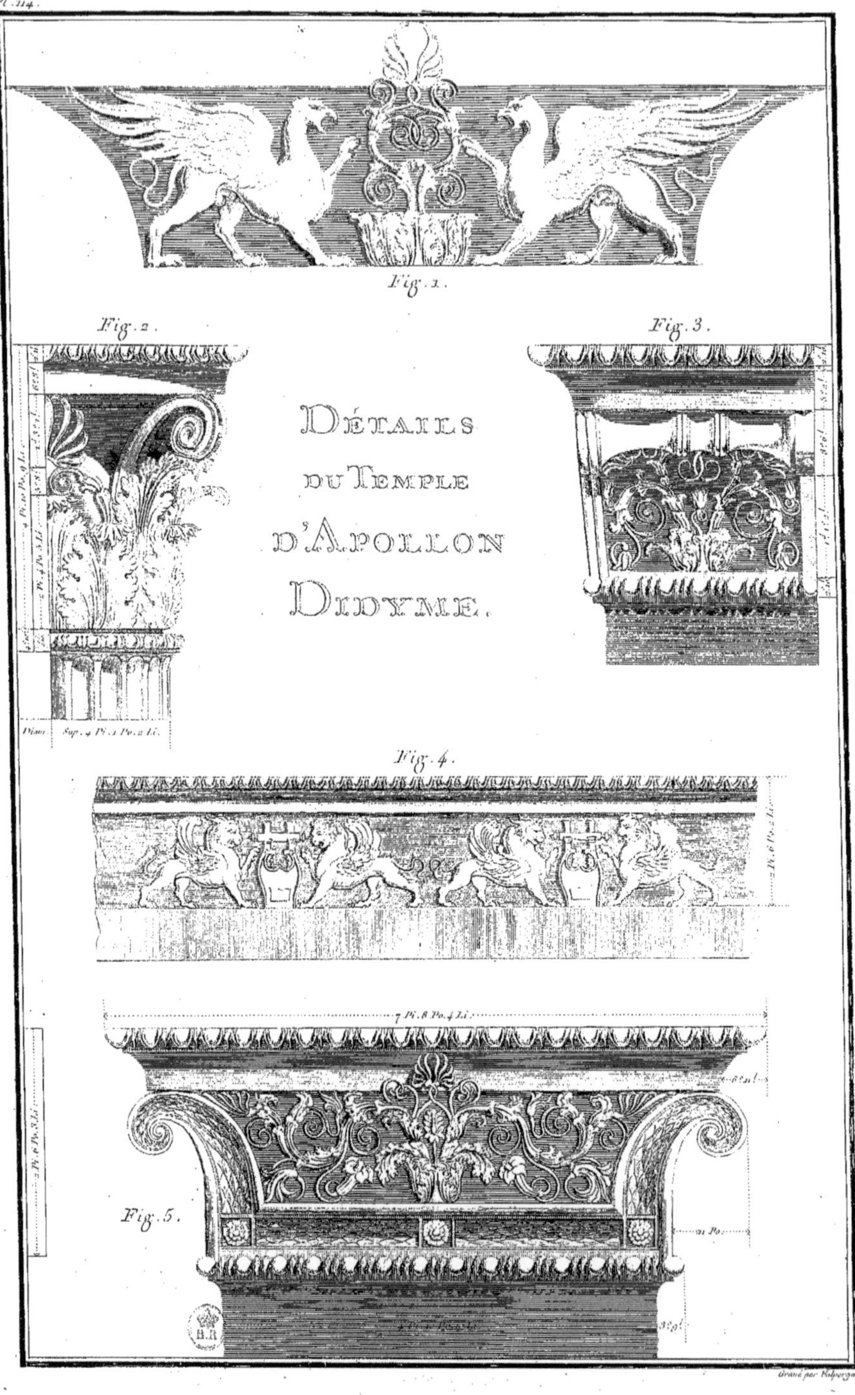

Gravé par Volperga.

Vue des ruines de Milet et du cours du Méandre.

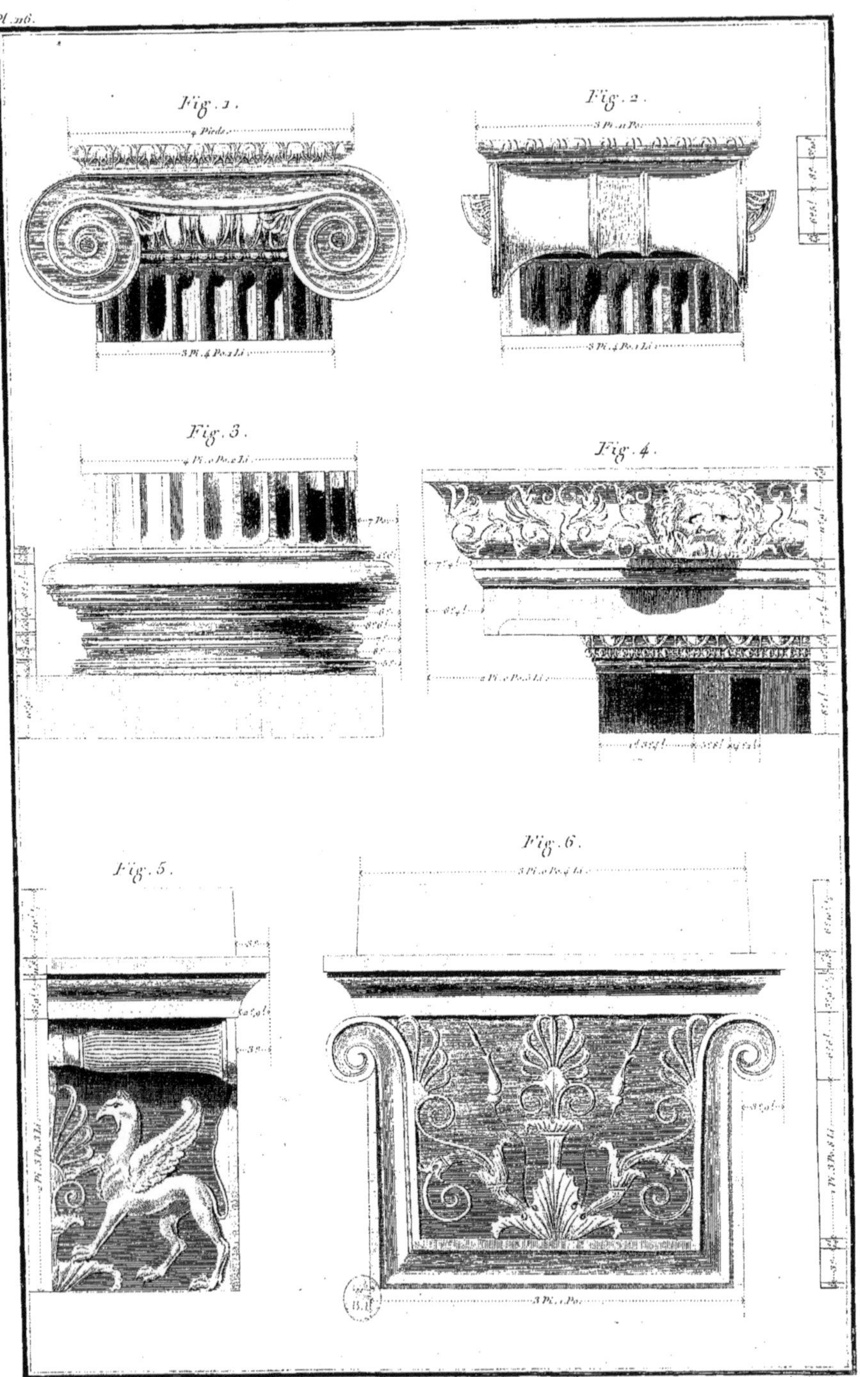

Gravé par Cocco.

Vestiges du Temple de Minerve Polias à Priene.

CARTE DÉTAILLÉE
De la route de l'AUTEUR depuis le Méandre jusqu'au Golfe d'Adramytti.

TROADIS PARS

Golfe d'Adramytti
ol. Adramyttenus Sinus

LESBOS

Metelin
Mytilene

Elaiticus Sinus

Golfe de Sandarlic
ol. Cumæus Sinus

Golfe de Smyrne
ol. Smyrnæus Sinus

SCIO olim CHIOS

Scio ol. Chios

C. Blanc ol. Argennum Pr.

C. Couros ol. Coryceum Pr.

Ruines de Clazomène

SMYRNE ol. Smyrna

Meles

Bodrun ol. Teos

Ruines de Lebedus

Colophon

Ruines de Metropolis

Ephesus

Scala nova ol. Neapolis

Magnesia

Ruines de Milet

Bojouk Minder olim Mæander

Palatsha

Patmos ol. Lade

Sandarlic ol. Pitane

Pergamo ol. Pergamus

Maguisia ol. Magnesia

Hermus

SARUKHAN

ÆOLIS

IONIA

LYDIA

Koutchouk Minder ol. Cayster

Tmolus Mons

Golfe de Scala-nova

SAMOS

Samos

ECHELLE

Lieues Marines à 20 au Degré

1 2 3 4 5 10

Lieues de France de 2500 Toises

1 2 3 6 9 12

Milles de 60 au Degré

5 10 20 30

Les Dénominations anciennes sont soulignées.

Rédigée sur les lieux par le Cte. de Choiseul Gouffier.

Gravé par J. Perrier
Ecrit par L. Aubert

Pl. 118.

Dessiné par J. B. Hilair. | Gravé par J. Mathieu.

Vue d'un Aqueduc près d'Ephese.

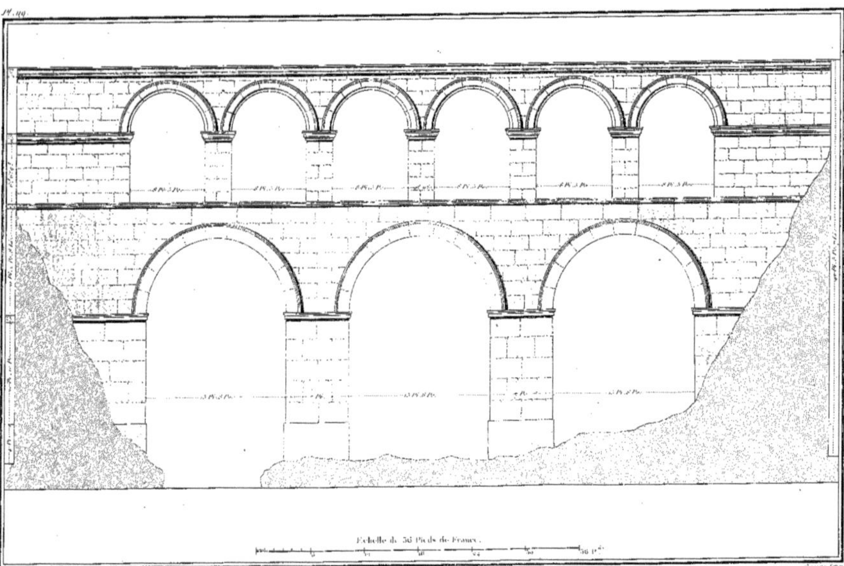

Elevation géométrale du même Aqueduc.

Pl. 120.

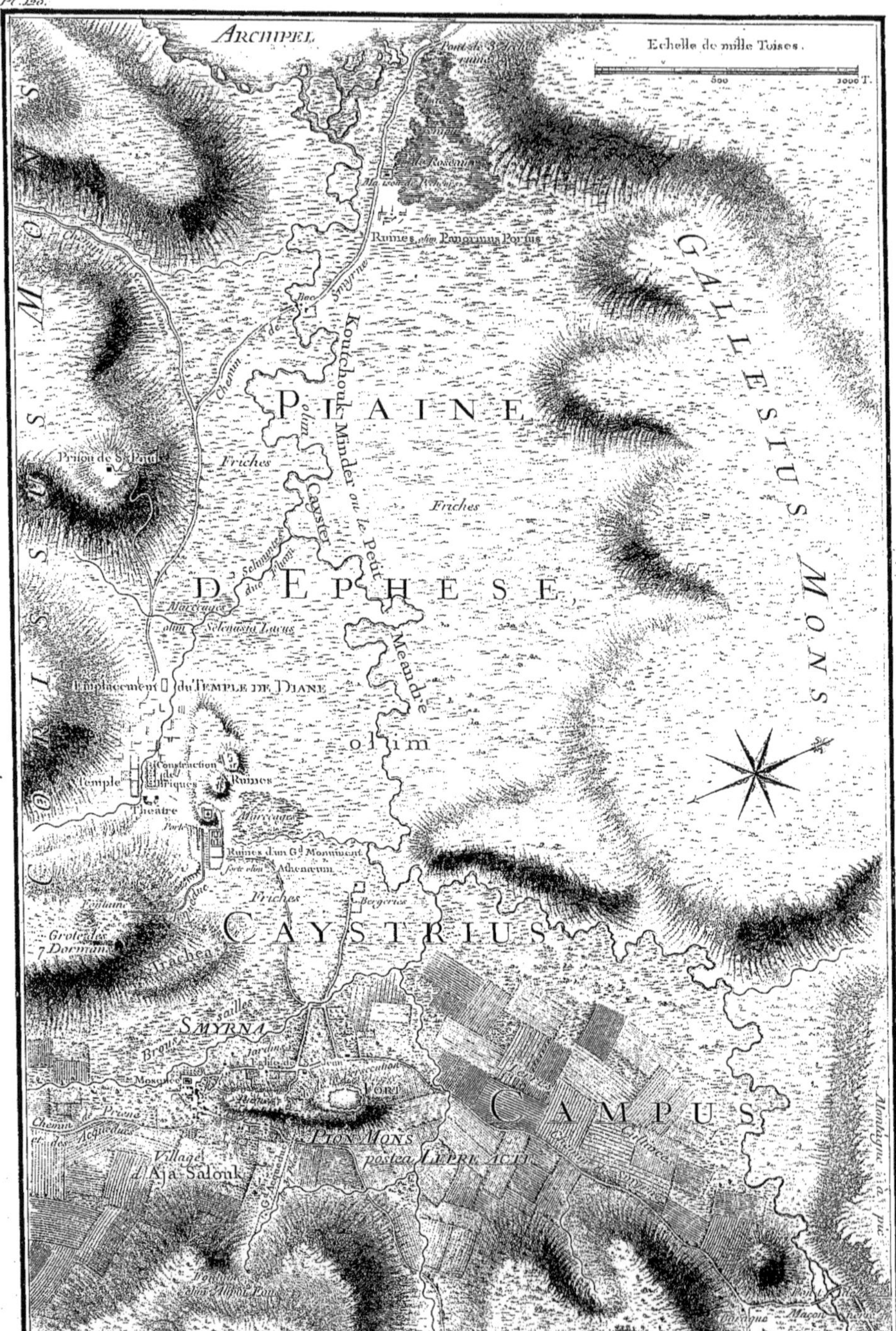

Levée par F. Kauffer en 1776.

Gravé par J. Perrier.

Pl. 121.

Vue d'une Porte à Ephèse.

Pl. 122.

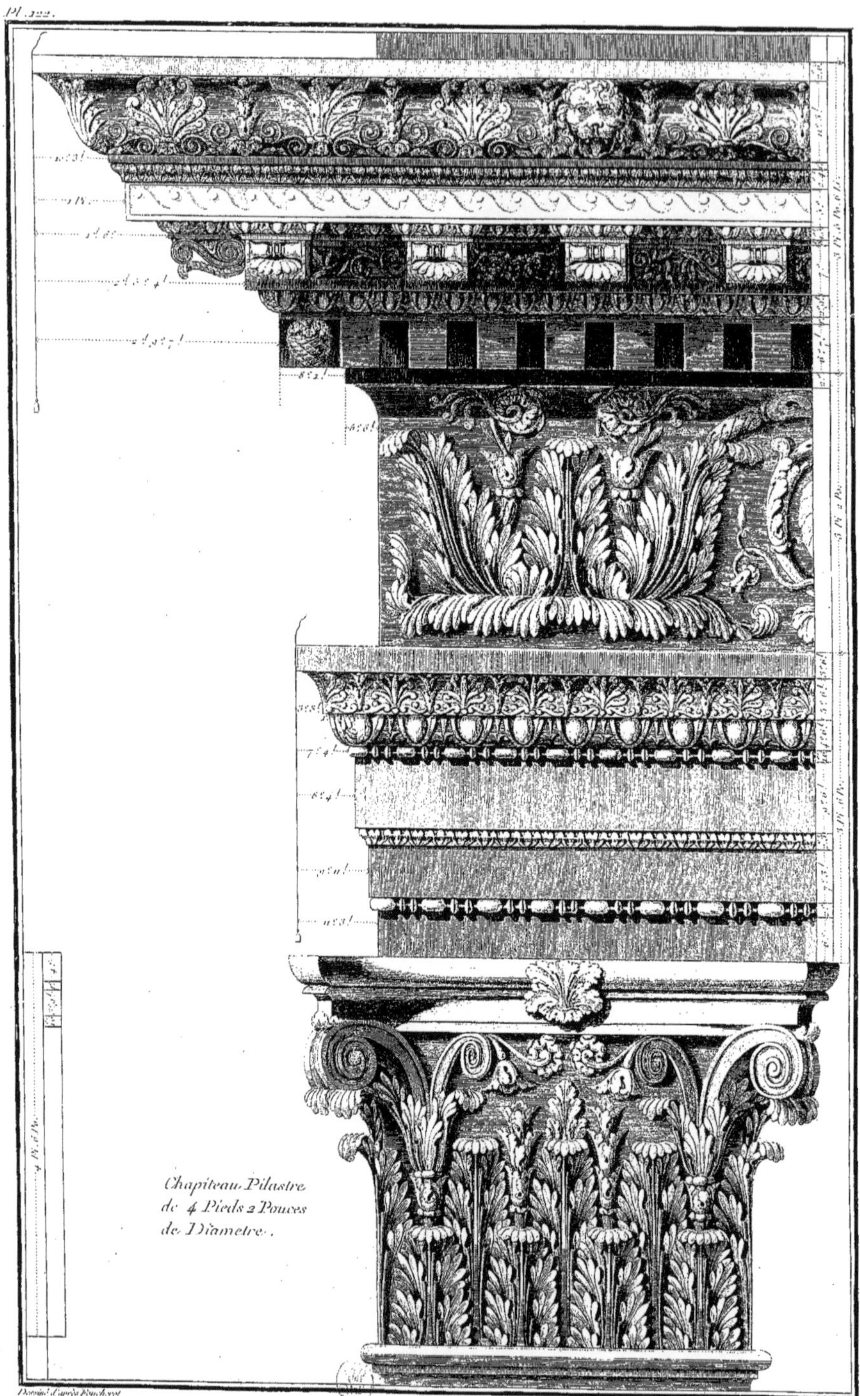

Entablement d'un Temple d'Ephese.

Corniche de la porte du Temple d'Ephese.

Plafond de la Corniche du Temple d'Ephese.

Sophite de l'Architrave.

Dessiné d'après Fouchérot par J. G. Legrand. Gravé par Poulleau.

Détails géométriques du même monument.

Pl. n°. 4.

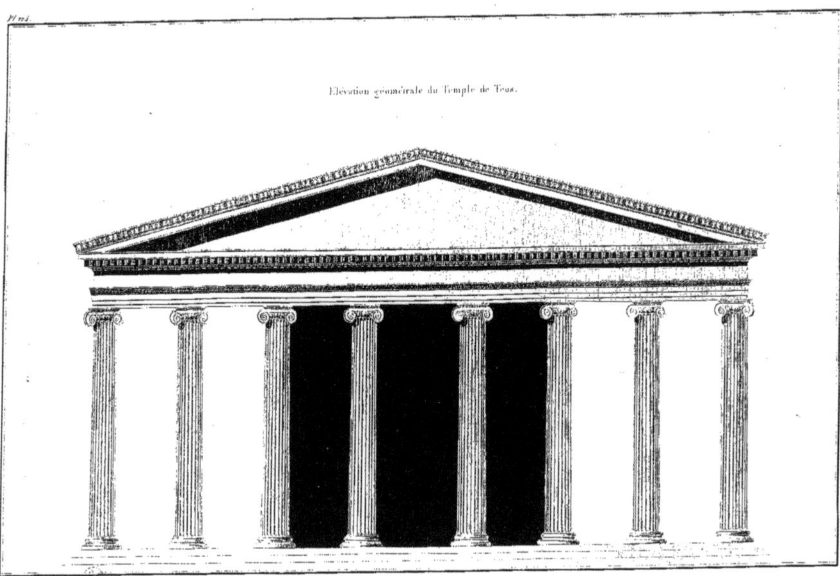

Élévation géométrale du Temple de Teos.

Echelle de 6 Toises.

Pl. 228.

Vue de Smyrne.

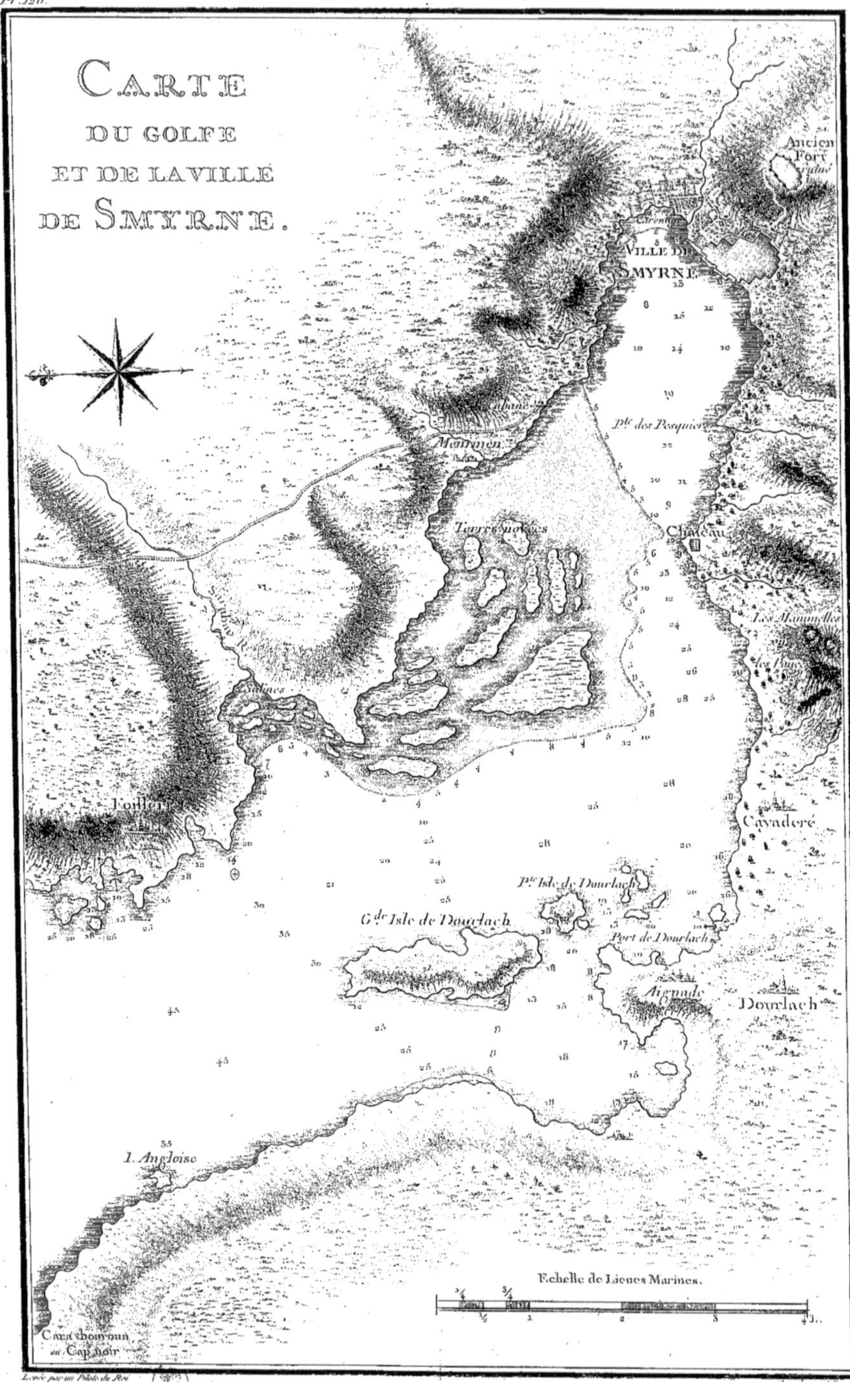

Levée par un Pilote du Roi et vérifiée par l'Auteur.

Gravé par J. Perrier.

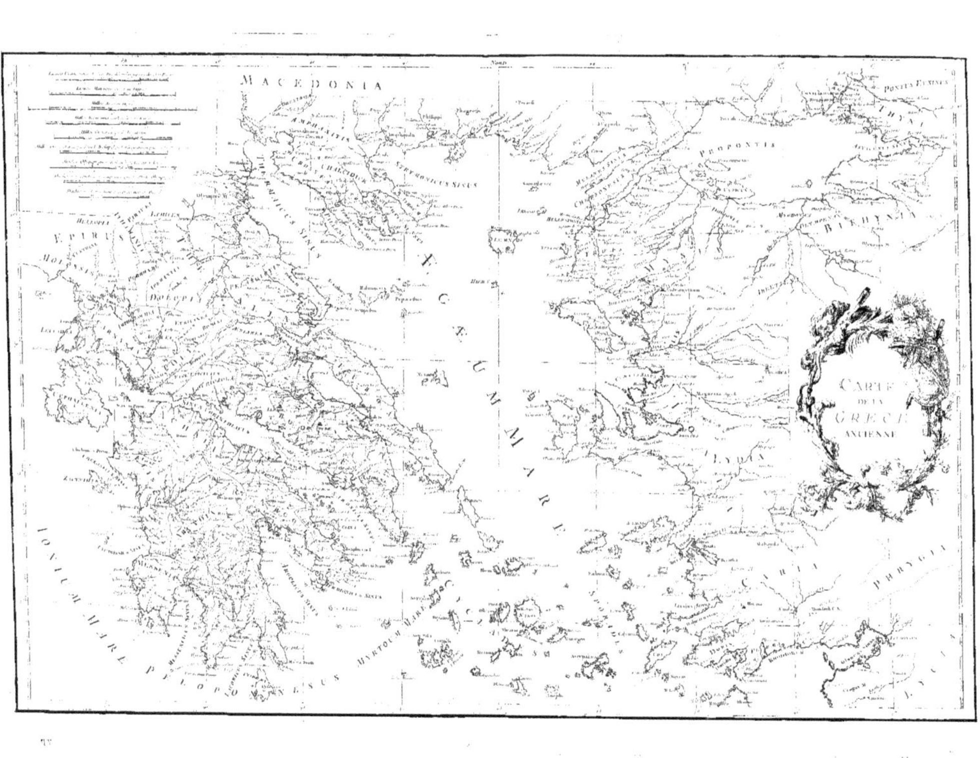
CARTE
DE LA
GRECE
ANCIENNE
MACEDONIA
EPIRUS
DOLOPIA
PROPONTIS
BITHYNIA
LYDIA
CARIA
PHRYGIA
LYCIA
PONTUS EUXINUS
AMPHAXITIS
STRYMONICUS SINUS
THERMAICUS SINUS
IONIUM MARE
PELOPONNESUS
MYRTOUM MARE

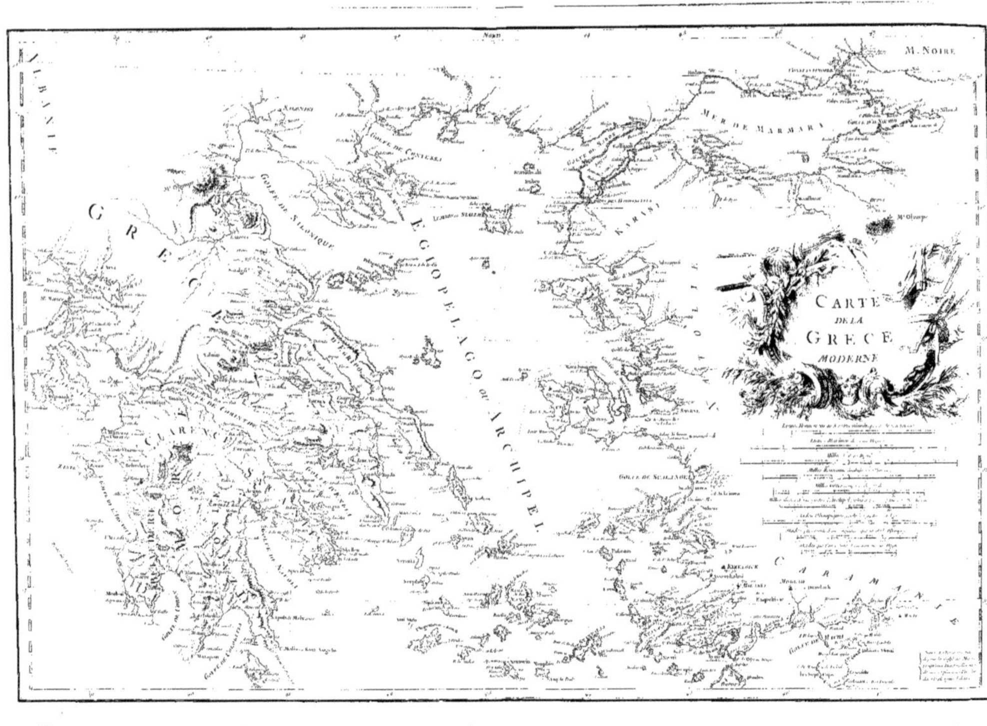
CARTE
DE LA
GRECE
MODERNE
M. NOIRE
MER DE MARMARA
GOLFE DE SALONIQUE
EGIOPELAGO ou ARCHIPEL
GOLFE DE CONTESSA
ALBANIE
GOLFE DE SCALANOVA
CLARENCE

Bellonne franchissant un amas d'Armes, et suivie de Guerriers Russes, montre aux Grecs Esclaves le Flambeau de la Liberté, [illegible]

Sur une Porte à Ephese voyez Pl. 121 I.re Partie.

VOYAGE PITTORESQUE DANS L'EMPIRE OTTOMAN.

ATLAS.

2me PARTIE.

A LA LIBRAIRIE DE J.-P. AILLAUD, QUAI VOLTAIRE, N° 11.

1842.

Tome II. Planche 1.

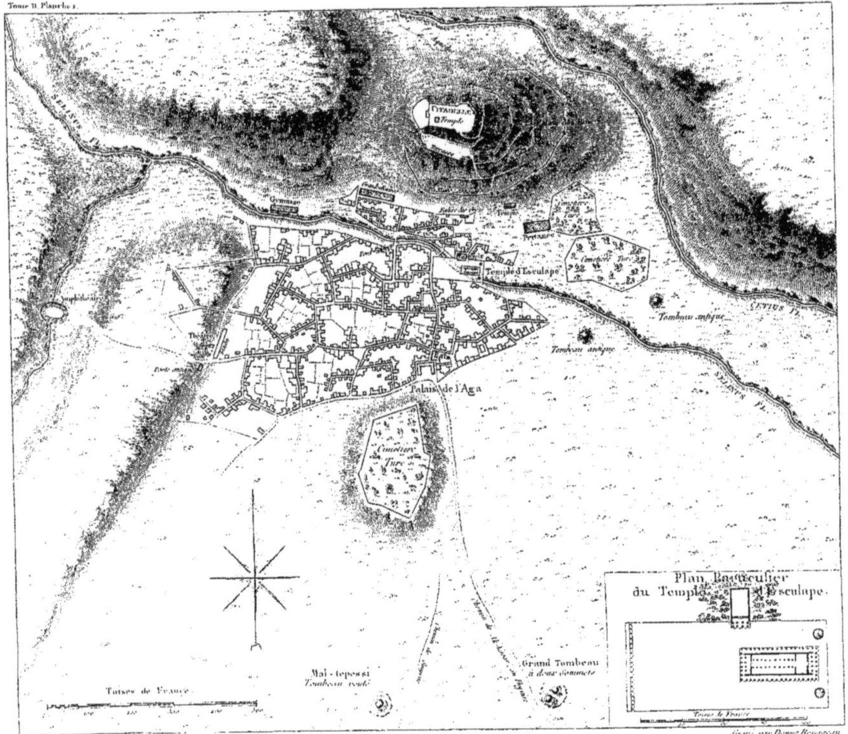

Donné par M. Choiseul-Gouffier / Gravé par Denne Rousseau

PLAN DE LA VILLE DE PERGAME.

Tome II. Planche 2.

Dessiné par J. B. Hilair / Gravé par Dequevauviller.

Ruines d'un Gymnase à Pergame.

Tome II. Planche 3.

Dessiné par Hilair — Gravé par Dequevauviller

Restes d'un Amphithéâtre à Pergame.

Tome II. Planche 4.

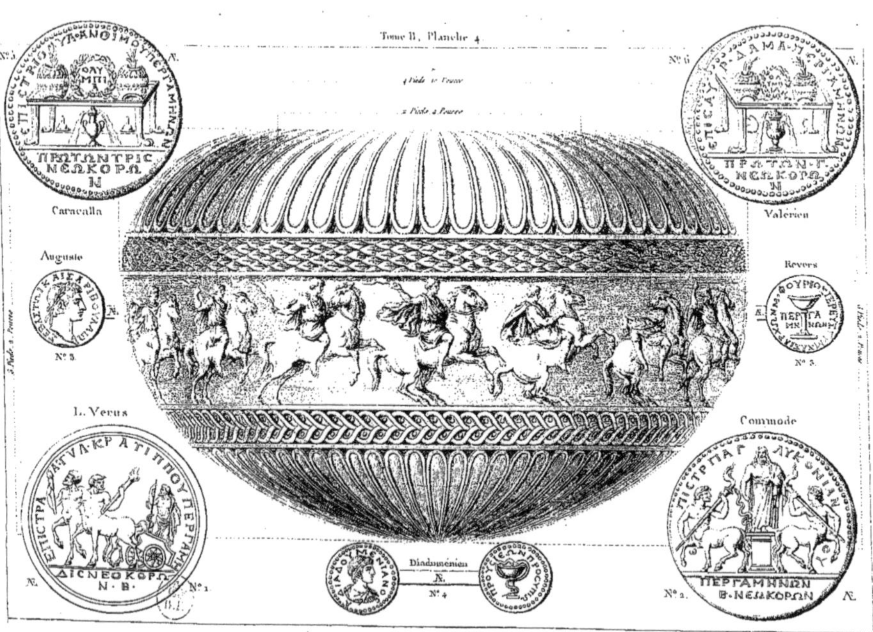

Vase de marbre blanc à Pergame.

Médailles de Pergame.

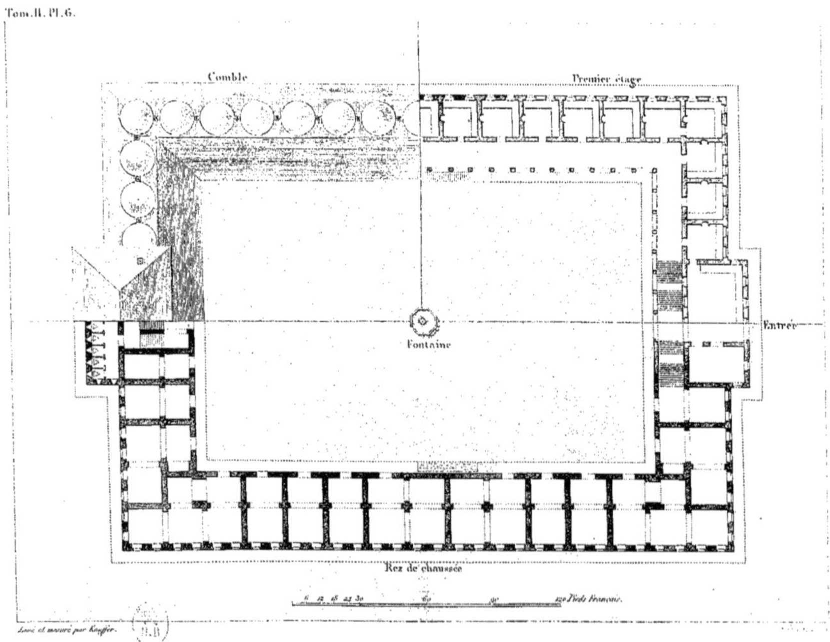

Plan d'un Khan, ou Kiarvanséraï.

Vue de l'intérieur d'un Khan ou Kiarvanséraï.

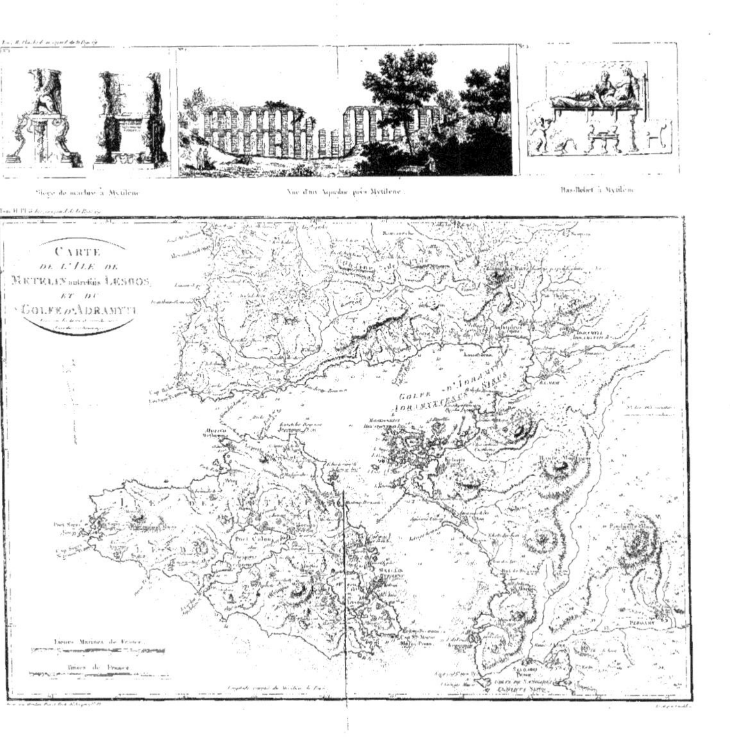

Siège de marbre à Mytilène

Vue d'un Aqueduc près Mytilène.

Bas-Relief à Mytilène

Tome II, Planche 9.

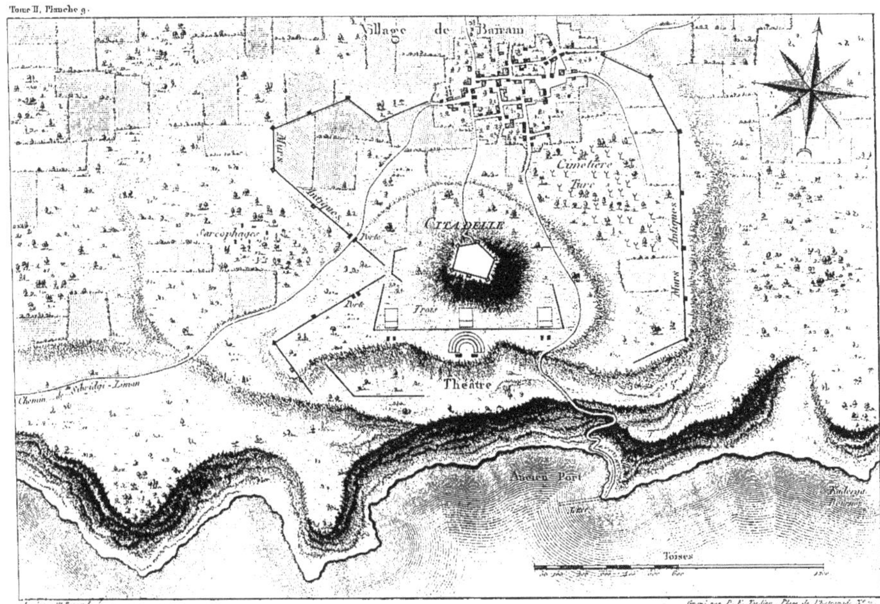

Gravé par P. F. Tardieu, Place de l'Estrapade N° 2.

Plan des Ruines d'Assos.

Tome II, Planche 10.

Dessiné par Monnier

Gravé par Dequevauviller

Vue restaurée de la Ville d'Assos.

Tome II. Planche 11.

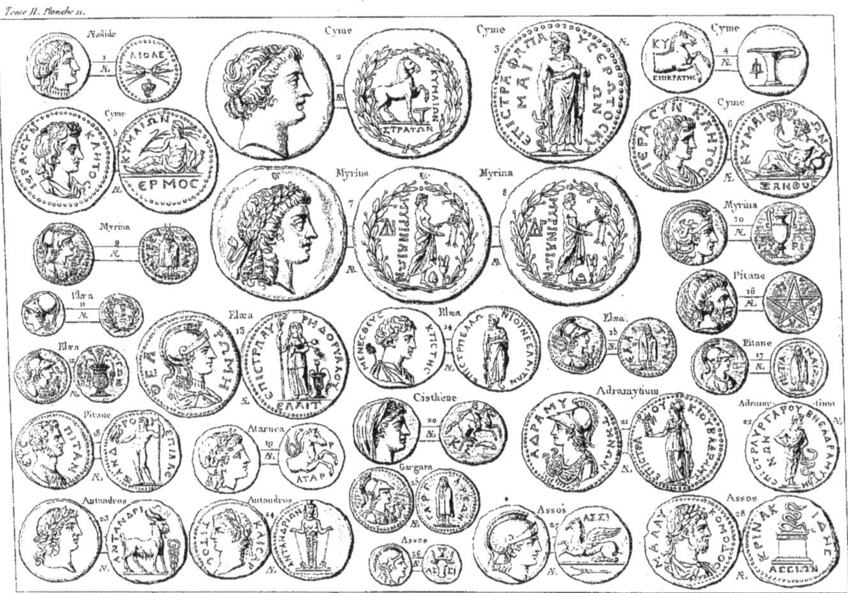

Médailles des Villes de l'Eolide.

Tome II. Planche 12.

Dessiné par l'Auteur

Gravé par Baron.

Vue du Cap Baba,
autrefois Lecton.

...che 13 en regard de la Page 97.

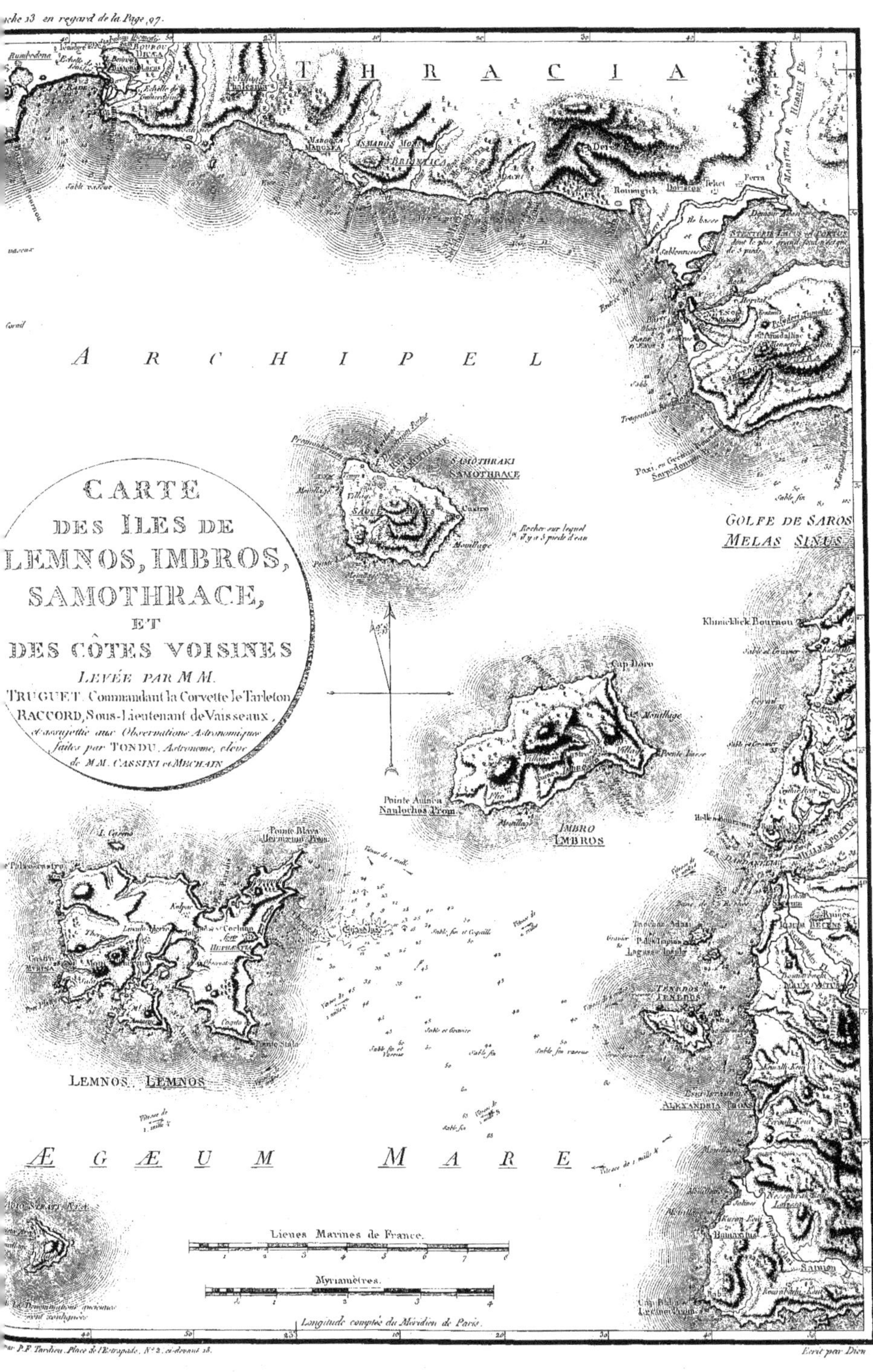

...ar P.F. Tardieu, Place de l'Estrapade, N° 2, ci-devant 18.

Ecrit par Dien

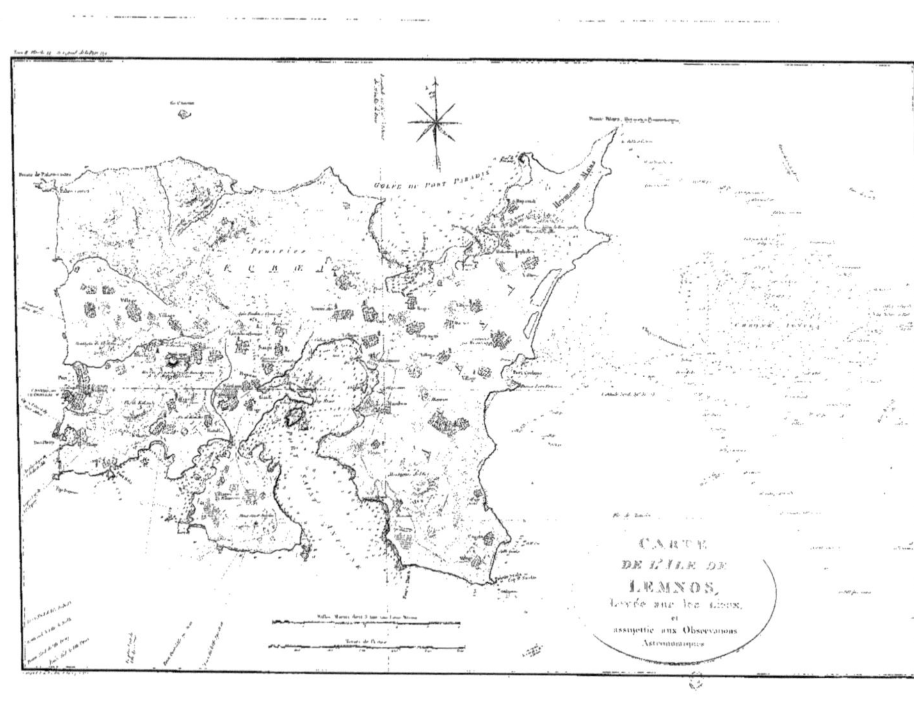
GOLFE DU PORT PARADIS
CARTE
DE L'ILE DE
LEMNOS,
Levée sur les Lieux,
et
assujettie aux Observations
Astronomiques

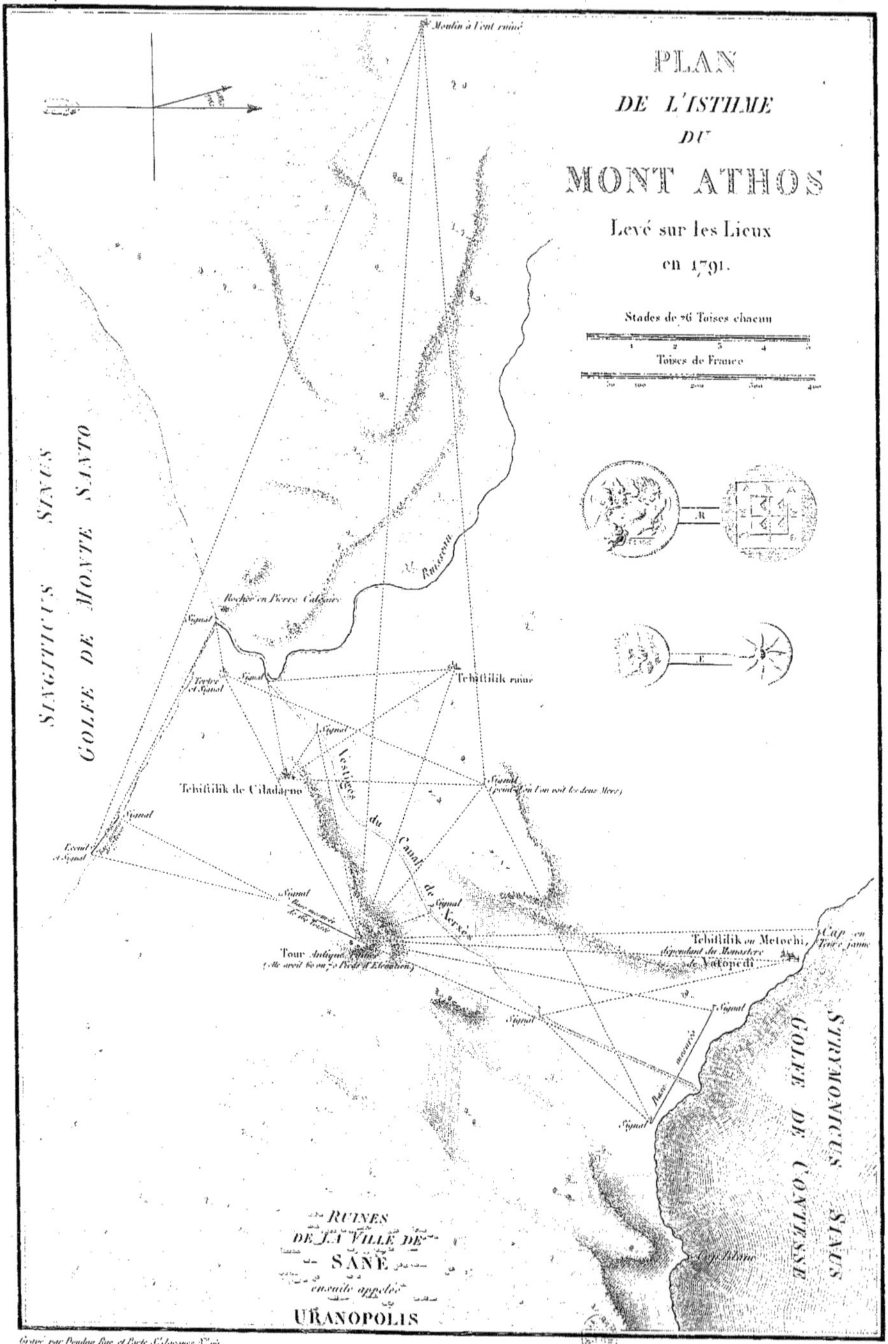

PLAN
DE L'ISTHME DU MONT ATHOS
Levé sur les Lieux en 1791.

Stades de 76 Toises chacun

1 2 3 4 5

Toises de France

50 100 200 300 400

Moulin à Vent ruiné

Rocher en Pierre Calcaire

Signal

Tertre et Signal

Tchiftlik ruiné

Vestiges du Canal de Xerxès

Tchiftlik de Ciladagno

Point d'où l'on voit les deux Mers

Ecueil et Signal

Tour Antique Ruinée (Elle avait 60 ou 70 Pieds d'Elévation)

Tchiftlik ou Metochi, dépendant du Monastère de Vatopedi

Cap en Terre jaune

Base mesurée

Cap Blanc

SINGITICUS SINUS

GOLFE DE MONTE SANTO

STRYMONICUS SINUS

GOLFE DE CONTESSE

RUINES DE LA VILLE DE SANE ensuite appelée URANOPOLIS

Gravé par Doudan Rue et Porte St. Jacques N.° 101.

Ecrit par Giraldon.

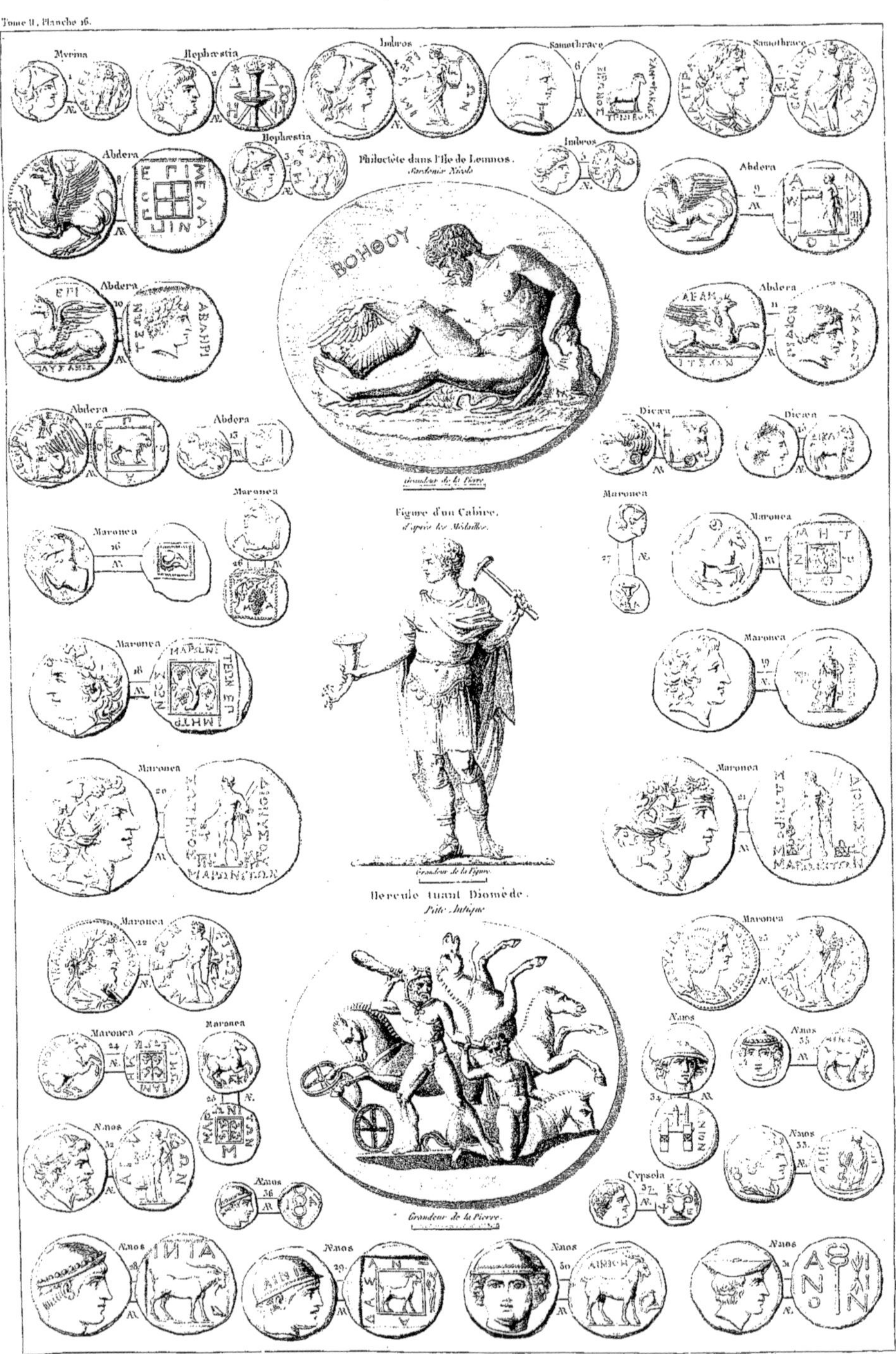

Médailles et Pierres Gravées relatives aux Iles de Lemnos, Imbros et Samothrace, et aux Villes maritimes de la Thrace.

ΑΛΕΞΑΝΔΡΟΣ
ΦΙΛΙΠΠΟΥ
ΜΑΚ

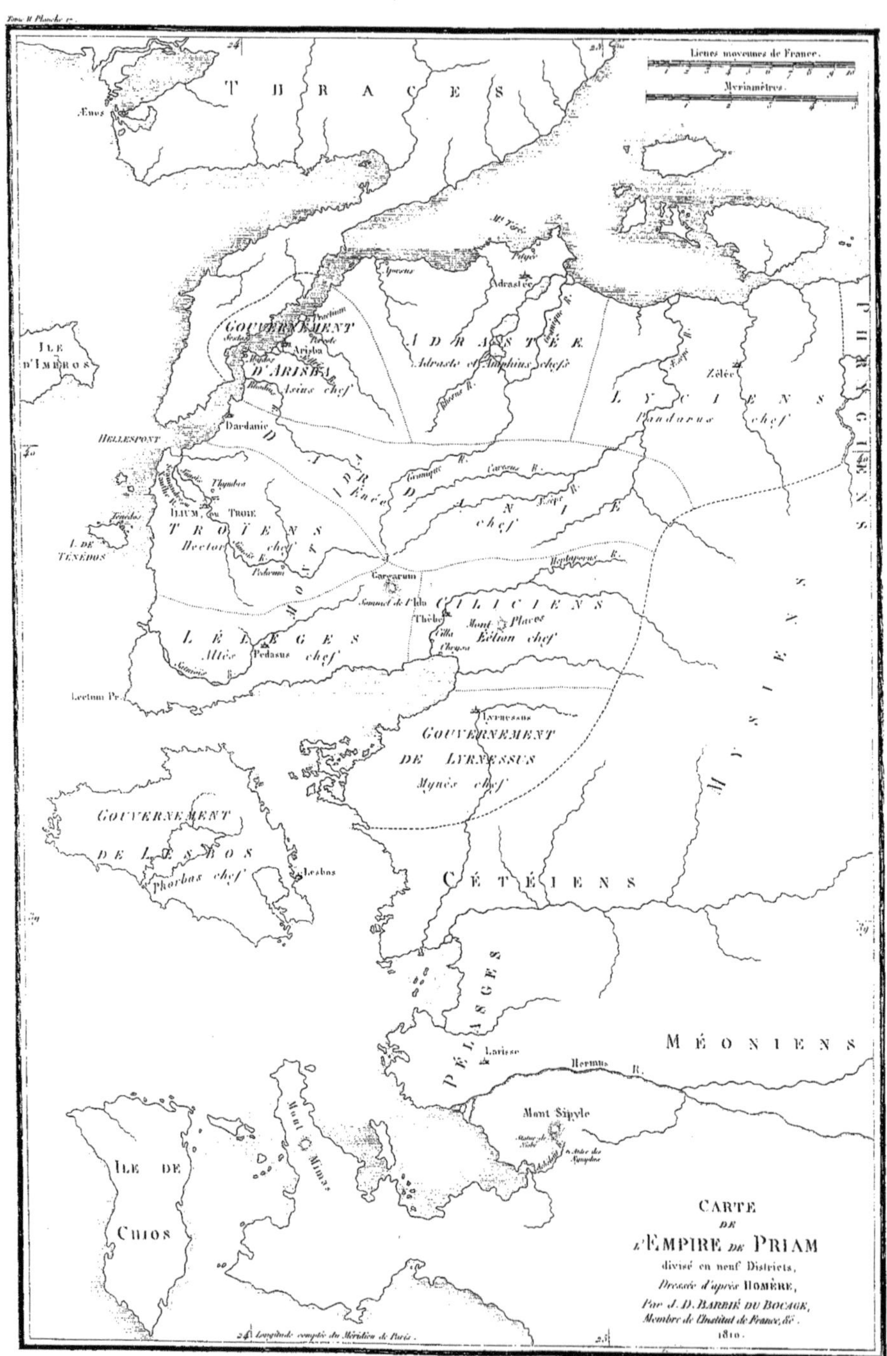

Gravé par Ambroise Tardieu rue du Jardinet N° 12.

CARTE GÉNÉRALE
DE LA
TROADE
Comprenant
Le Pays qui s'étend depuis
LE CAP SIGEUM jusqu'au MONT GARGARON
ARCHIPEL
ÆGEUM MARE
GOLFE D'ADRAMITI
ADRAMYTTENUS SINUS

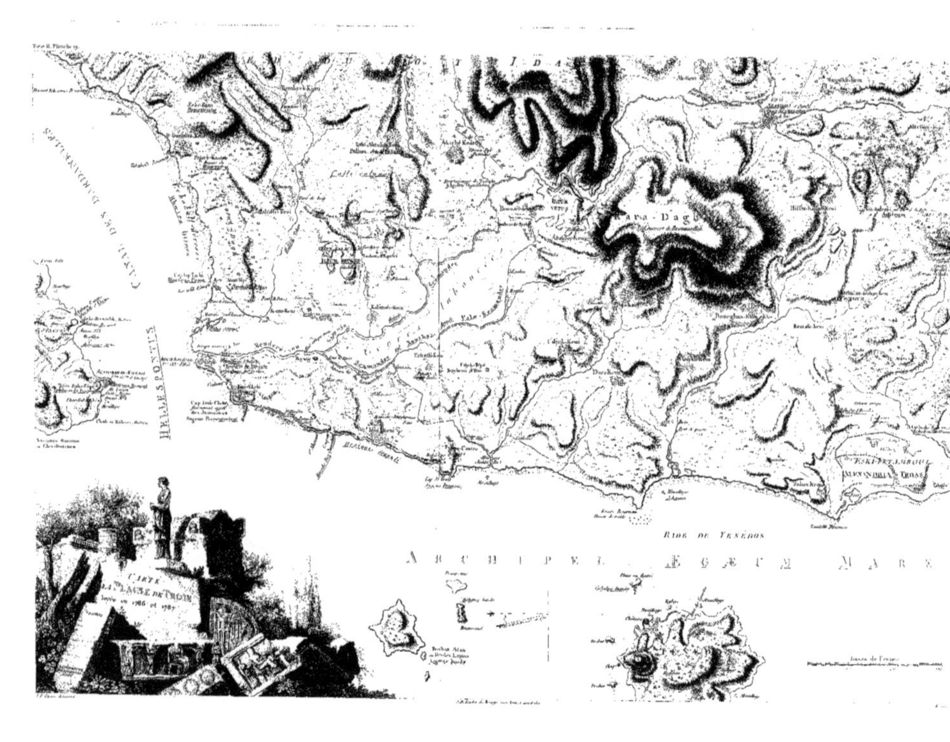
I D A
Kara Dagh
Hellespontus
Rade de Tenedos
Archipel Ægæum Mare
Eski-Stamboul
Alexandria Troas
Carte de la Plaine de Troie
levée en 1786 et 1787

Levé en 178. par F. Kauffer

CARTE DE L'EMPLACEMENT DE LA VILLE D'ILION.

COUPES

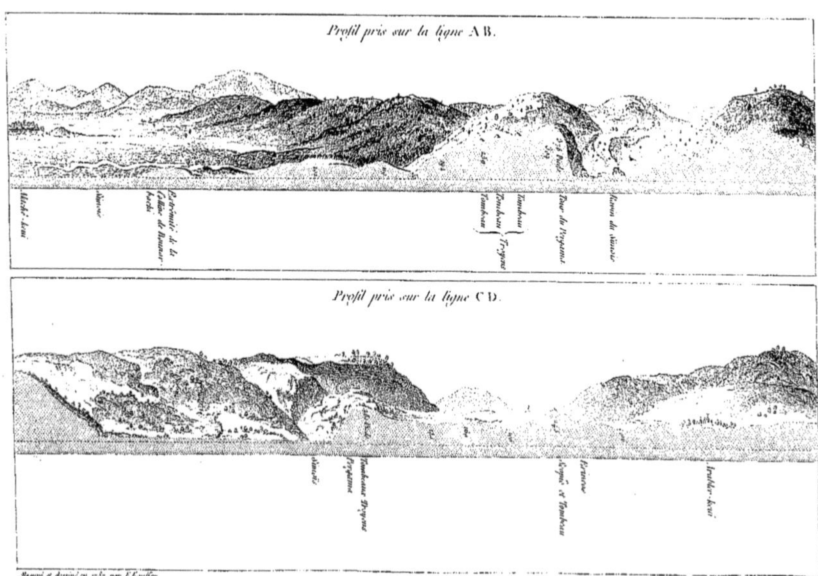

Mesuré et dessiné en 178. par F. Kauffer

Gravé par Bouclet

Tome II. Planche 21.

J.B. Hilair del.

Lerioux sculp.

Vue de l'Emplacement d'Ilion.

Tome II. Planche 22.

J.B. Hilair del.

Lerioux sculp.

Vue des Sources froides du Scamandre.

Tome II. Planche 23.

J.B. Hilair del.

Lerioux sculp.

Vue des Sources chaudes du Scamandre.

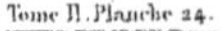
Tome II. Planche 24.

Vue de la Vallée de Simoïs.

Tome II. Planche 25.

Vue du Gargare et de la Source du Simoïs.

Tome II. Planche 26.

Vue du Tombeau d'Ajax.

Tome II. Planche 27.

L. F. Cassas del. — Mathieu sculp.

Vue du Tombeau de Patrocle.

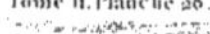

Tome II. Planche 28.

J. Turpin del. — Ch. Ransonnette sculp.

Vue du Tombeau d'Achille.

Tome II. Planche 29.

L. F. Cassas del. — Mathieu sculp.

Vue du Tombeau de Festus.

Tome II. Planche 50.

Objets trouvés dans le Tombeau de Pestus.

Tome II. Planche 31.

J.B. Hilair del. M.A. Benoist sculp.

Vue du Cap Sigée jusqu'au Tombeau d'Ilus.

Tome II Planche 32.

J.B. Hilair del. M.A. Benoist sculp.

Vue d'Erkessi-Keui.

Tome II. Planche 33.

J.B. Hilair del.

Vue du Tombeau d'Ilus.

Pl. 33bis IIe Partie.

Cornaline — Pâte antique — Cornaline

J. J. Dubois del. — Sixdeniers sculp.

Pl. 33bis IIe Partie.

J. B. Tilliard

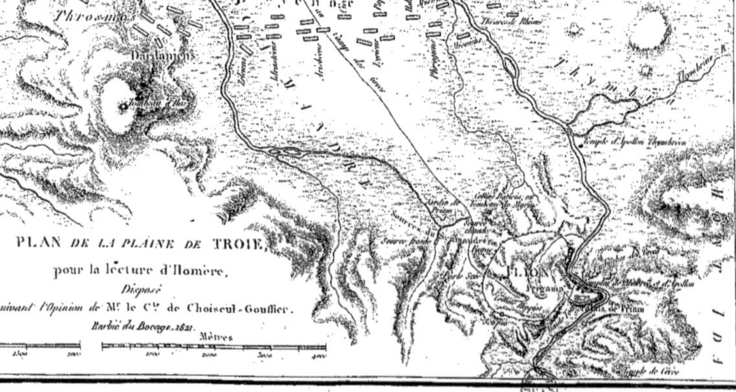

Baudet sculp.

Dien scrip.

Tome II. Planche 35.

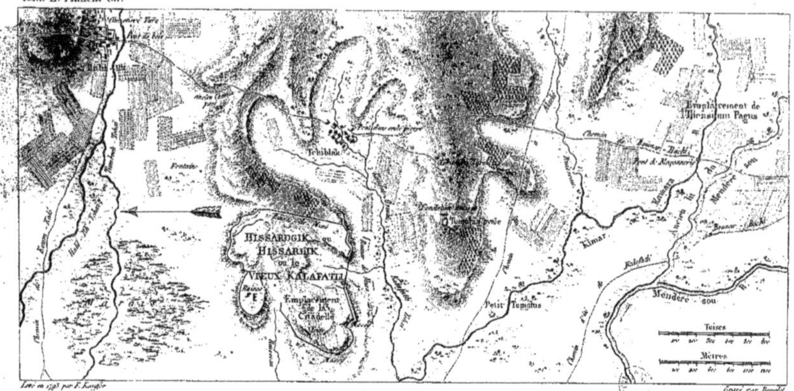

Plan d'Ilium-Recens et de ses Environs.

... 36.

Vue de l'Emplacement d'Ilium-Recens.

... 37.

Restes d'un Temple près d'Ilium-Recens.

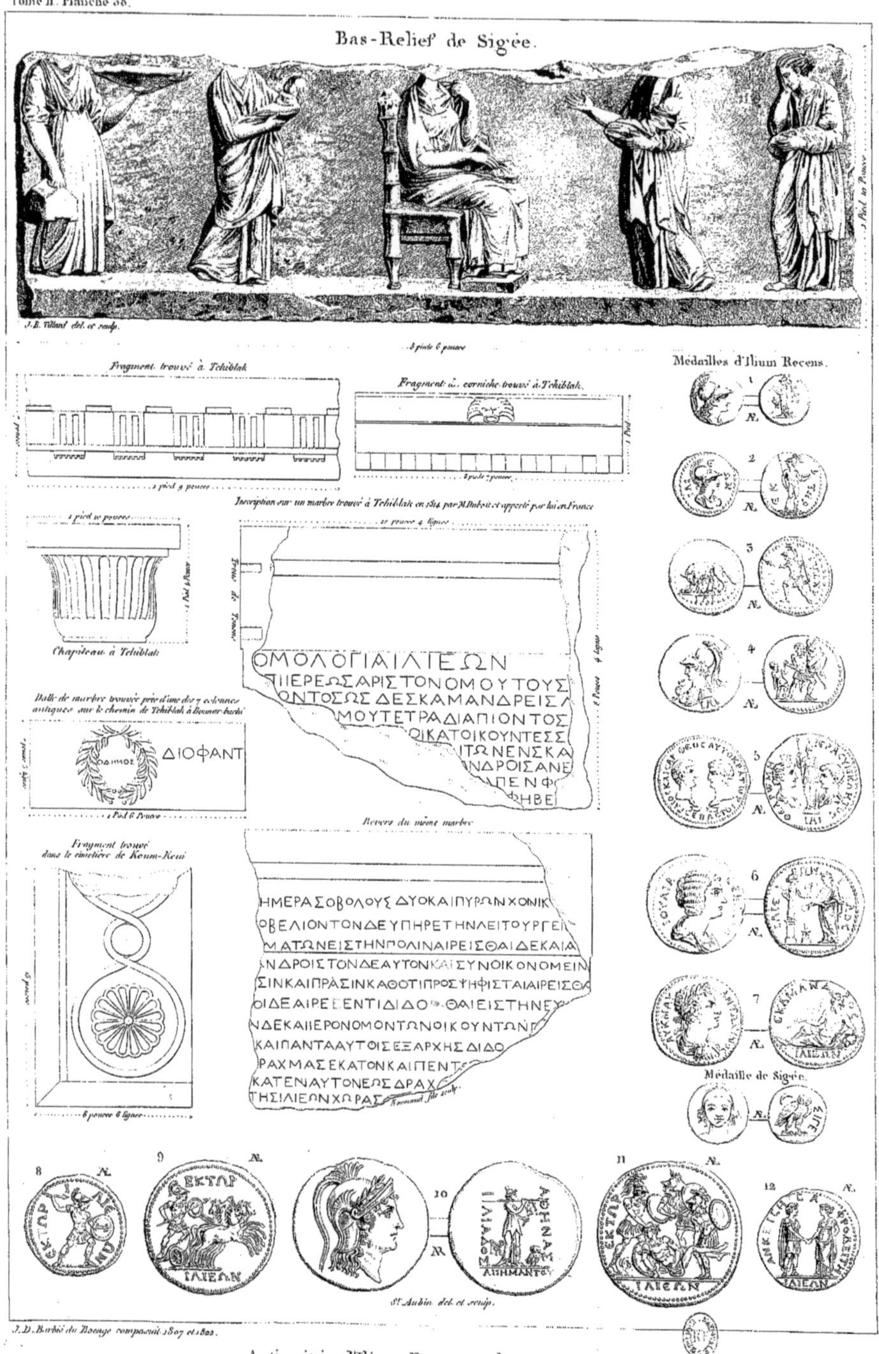

J. D. Barbié du Bocage composuit 1807 et 1822.

Antiquités d'Ilium-Recens et de ses environs.

Tome II. Planche 39.

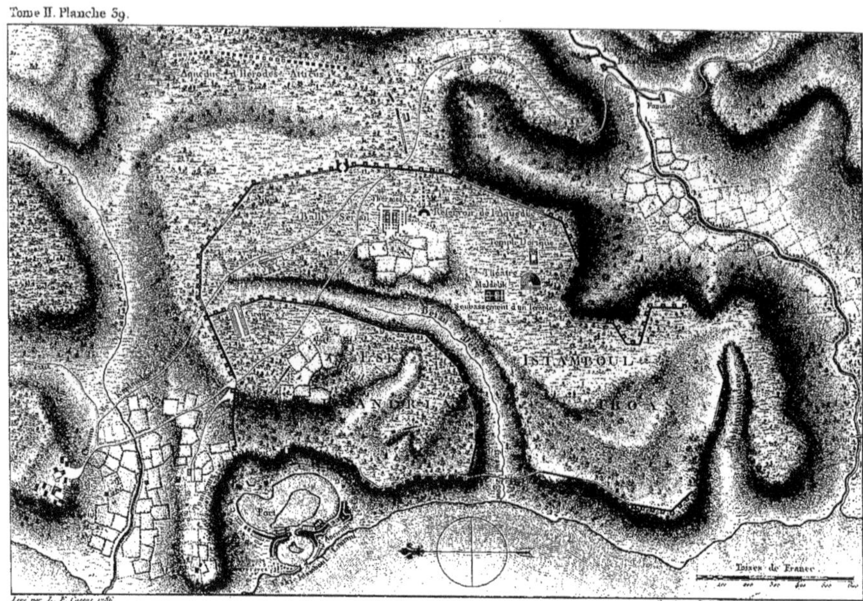

Levé par L. F. Cassas 1786. Gravé par P. F. Tardieu, Place de l'Estrapade N.° 2.

Plan d'Alexandria-Troas.

... 40.

Dessiné par Cassas. Gravé par Coiny

Vue du Grand Monument d'Alexandria-Troas.

Tome II. Planche 41.

Théâtre d'Alexandria Troas.

... 42.

Monument Souterrain à Alexandria Troas.

... 43.

J. B. Hilair del. A. Tardieu sculp.

Ancien Aqueduc près d'Alexandria Troas.

Tome II. Planche 44.

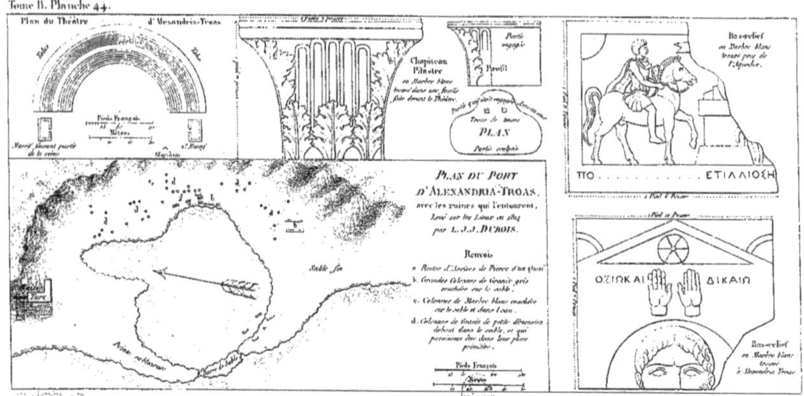

Plan du Port et du Théâtre, et Antiquités à Alexandria-Troas.

...45.

Vue de deux Massifs et d'un Ouvrage réticulaire près d'Alexandria-Troas

...46.

Dessiné par J. B. Hilair d'après les croquis de Dubois

Gravé par M. S. Benoist

Vue du Village de Ieni-Cheher.

Tome II. Planche 47.

Vue de la Ville de Ténedos.

48.

Vue du Château de Koum Kalessi.

Tome II. Planche 49.

Tombeau de Protesilas.

50.

Ruines de la Ville d'Eléonte.

51.

J. B. Hilair del. M. A. Benoist sculp.

Village d'Erin Keui.

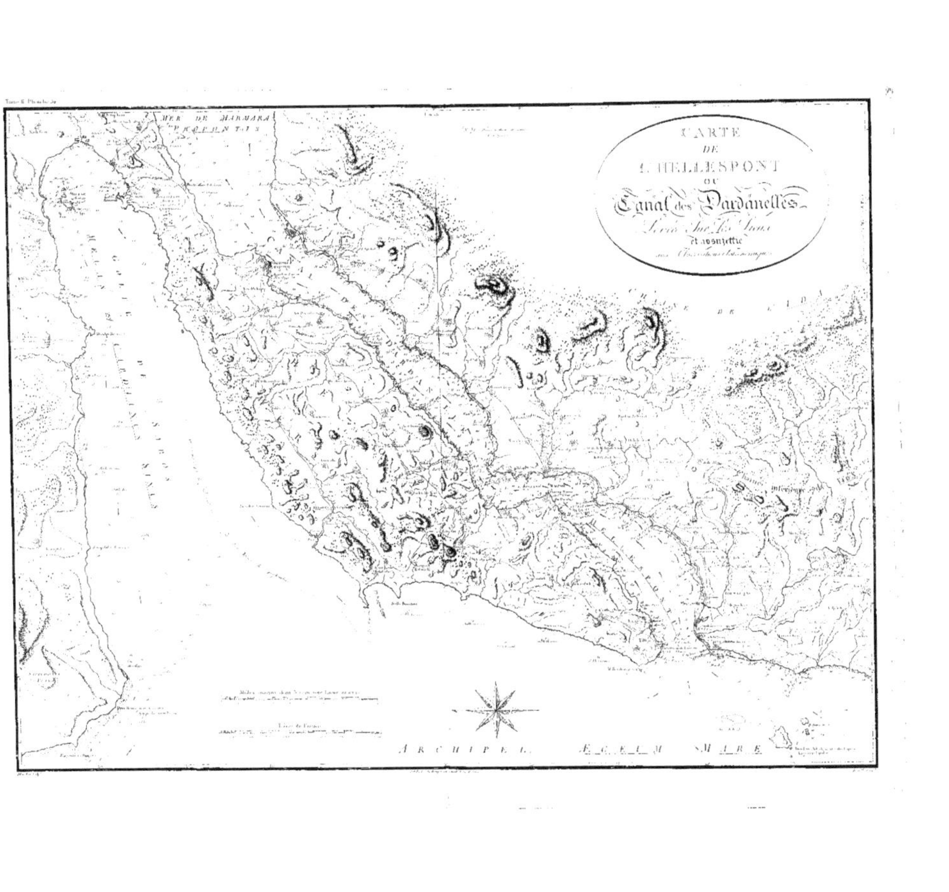
CARTE
DE
L'HELLESPONT
OU
Canal des Dardanelles
Levé sur les Lieux
et assujettie
MER DE MARMARA
ARCHIPEL
ÆGEUM MARE

53.

Vue du Château des Dardanelles.

Tome II. Planche 54.

Plan de Maïto et de Kilia.

55.

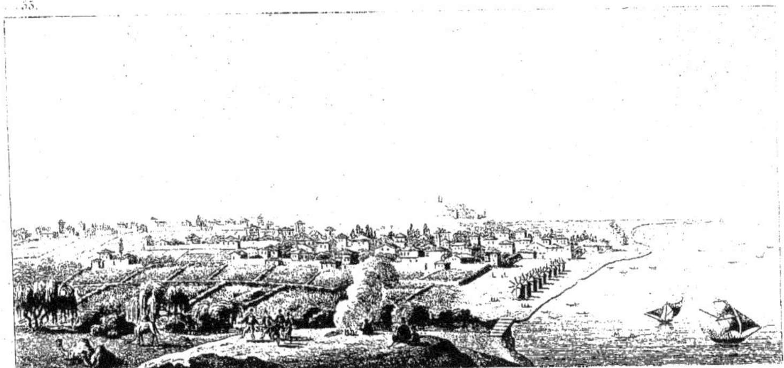

Village de Maïto.

...56.

Dessiné par J. B. Hilair. Gravé par Leroux

Rade de Kilia.

Tome II. Planche 57.

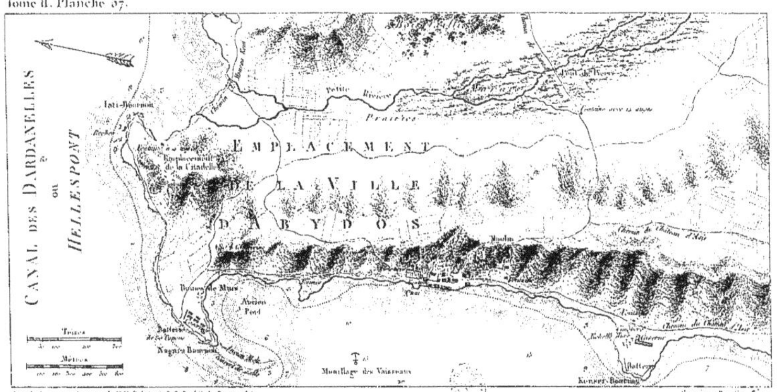

D'après les reconnaissances de MM. Dubois et J. G. Barbié du Bocage 1814. Gravé par Barrière, frères

Plan de l'Emplacement d'Abydos et de la Rade de Nagara.

...58

Ruines d'Abydos

Tome II. Planche 59.

Mosquée de Nagara.

Tome II. Planche 60.

Village de Lampsaki.

Planche 61.

J. B. Hilair del. Leroux sculp.

Mosquée de Tchardak.

62.

J. B. Hilair del. Leroux sculp.

Tombeau de Lysimaque.

... 65

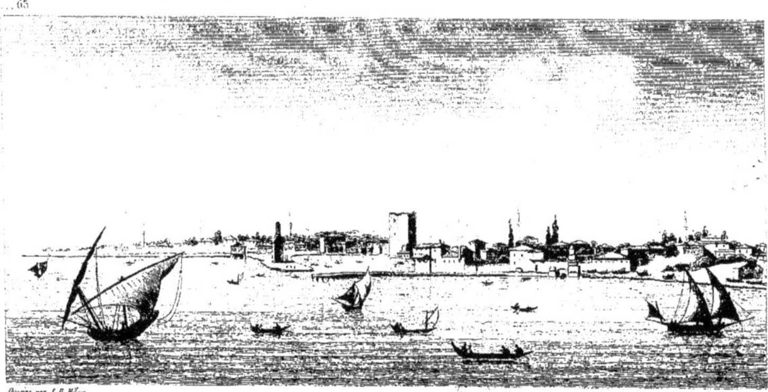

Dessiné par J. B. Hilair — Gravé par Lerius

Gallipoli.

Tome II. Planche 64.

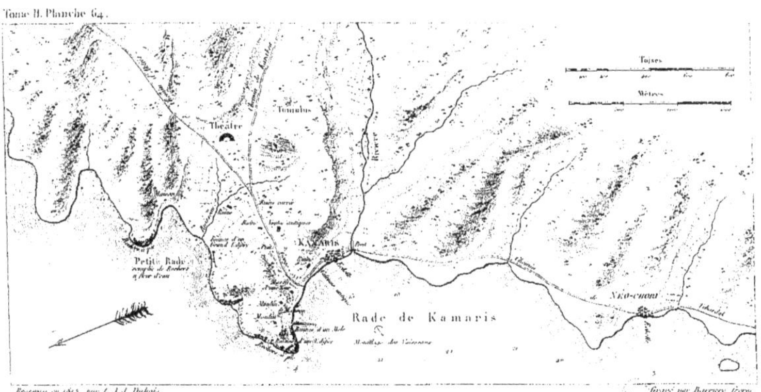

Reconnu en 1814, par L. J. J. Dubois. — Gravé par Barrière frère

Plan des Ruines de Parium.

65.

Ruines d'un Mur à Parium.

66.

Dessiné par J. B. Hilair. Gravé par Lerouge.

Ruines d'un Monument carré à Parium.

Tome II. Planche 67.

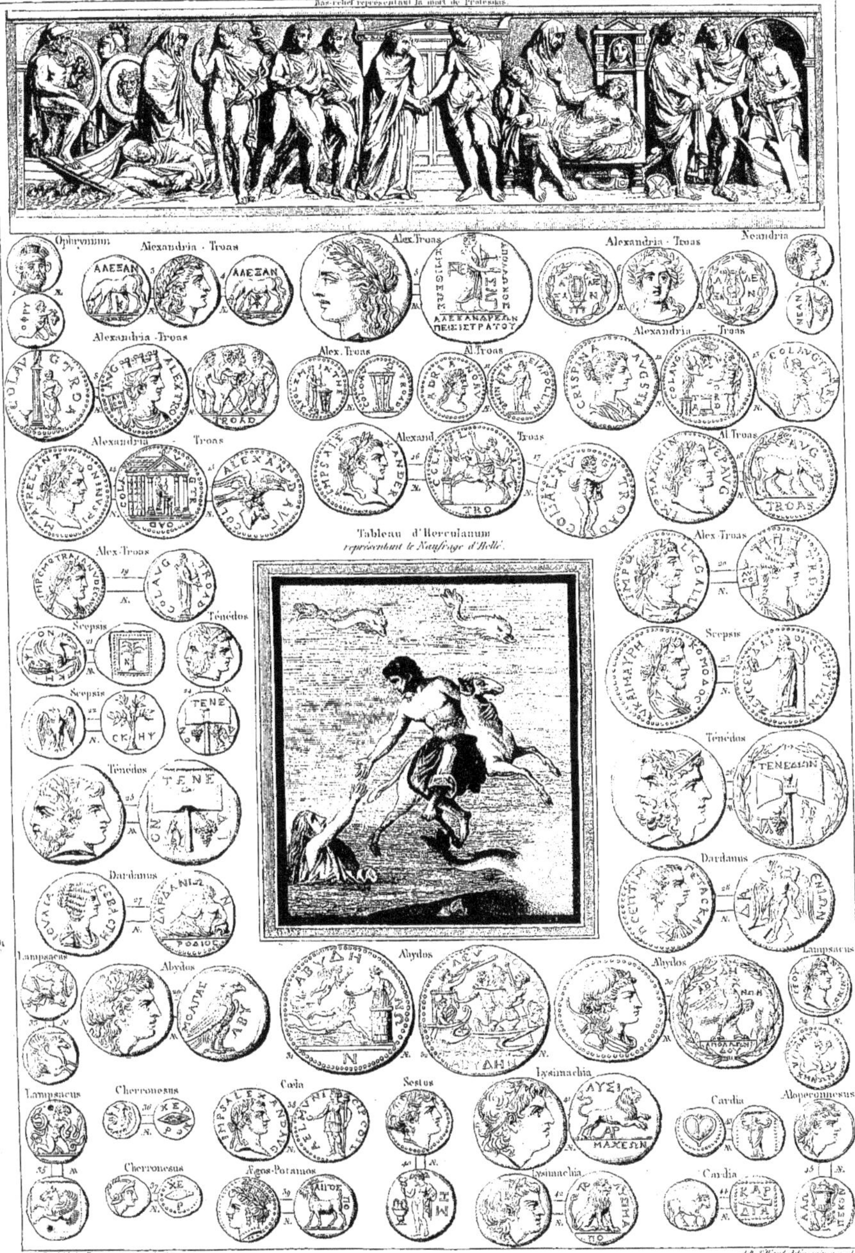

Médailles et Antiquités relatives aux Villes de l'Hellespont.

Pl. 67bis IIe Partie.

J. B. Hilair del. XVe Chapitre J. A. Pierron sculp.

Pl. 67bis IIe Partie.

J. B. Hilair del. J. A. Pierron sculp.

XVe Chapitre

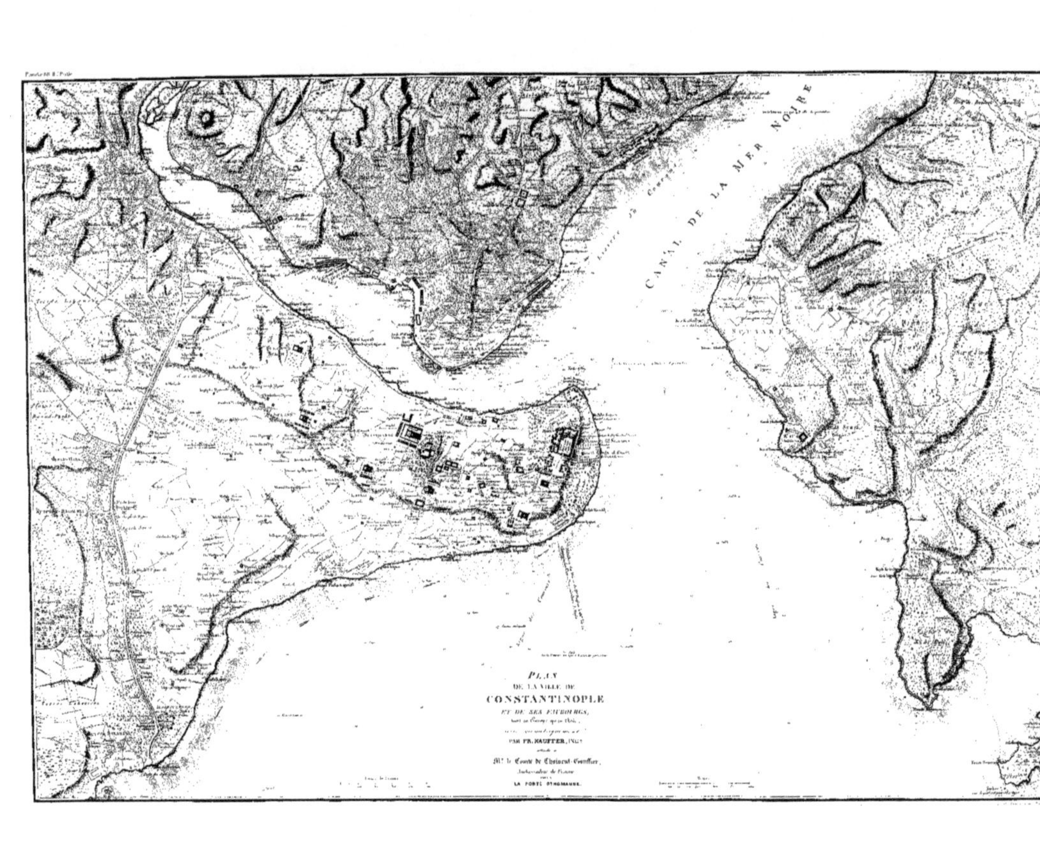
CANAL DE LA MER NOIRE
PLAN
DE LA VILLE DE
CONSTANTINOPLE
ET DE SES FAUBOURGS,
PAR FR. KAUFFER,
Mr. le Comte de Choiseul-Gouffier,
LA PORTE OTHOMANE.

Vue du Château des sept Tours et de l'arrivée
à Constantinople par la Propontide.

Planche [illegible] IIIe Partie.

VUE GÉNÉRALE DU PORT et DE LA VILLE DE CONSTANTINOPLE.

Planche 11 IIᵉ Partie.

Bâti par Soliman à la manière Persane

Planche 72. IIe Partie.

VUE D'INDJIULI-KIOSK.

Planche 73.

VUE DE TOP-KAPOUSI.

Planche 74.

VUE DE KIZ-KOULÉSI, ou LA TOUR DE LÉANDRE

Planche 72. IIe Partie.

VUE D'INDJIULI-KIOSK.

Planche 73.

VUE DE TOP-KAPOUSI.

Planche 74.

VUE DE KIZ-KOULÉSI, ou LA TOUR DE LÉANDRE

Planche 75. IIe Partie.

DÉPART DU CAPITAN-PACHA DU KIOSQUE DE DOLMABAGTCHE.

Planche 76.

VUE DE LA MOSQUÉE ET DE LA FONTAINE DE TOP-HANA.

Planche 76 bis. IIme Partie.

VUE DE CONSTANTINOPLE,

prise des Jardins du Palais de France.

Planche 77. IIme Partie.

VUE DE LA POINTE DU SERAI, PRISE DE GALATA.

Planche 78. IIème Partie.

VUE DE LA PREMIÈRE PORTE DU SERAÏ appelée BABI-HUMAÏOUN.

Planche 79.

VUE DE LA SECONDE PORTE DU SERAÏ appelée ORTA-KAPOUSI.

Planche 80.

VUE DE LA TROISIÈME PORTE DU SERAÏ appelée BABI-SEADET.

[illegible] HIPPODROME

Planche 82. IIe Partie.

VUE DE LA MOSQUÉE DE SULTAN-AHME

Planche 83.

VUE DE LA MOSQUÉE DE SULTAN MEHEMMED.

Planche 84.

VUE DE LA MOSQUÉE DE LA VALIDÈ, (prise du côté de terre)

Planche 85. IIe Partie.

VUE DE LA MOSQUÉE DE LA VALIDÉ (prise en mer).

Planche 86.

Imp. chez Pierret, impasse Doyenné, 3

VUE DE LA MOSQUÉE DE SULTAN-SOLIMAN.

Planche 87. IIe Partie.

VUE DU KIOSK DU PALAIS D'AÏNALU-KAVAK.

Planche 88.

Imp. chez Perrot, impasse Doyenné, 5.

VUE DE LA PORTE DITE D'ANDRINOPLE.

Planche 89 IIe Partie

VUE DE LA PORTE DORÉE.

Planche 90.

VUE DES RUINES DU MONASTÈRE DE SAINT JEAN STUDIUS.

Planche 91.

Imp. chez Perrot, [illegible]

VUE DU MONUMENT DE MARCELLUS LEO.

Planche 93 II.e Partie.

VUE DU PALAIS DE KIAT-KHANA ou DES EAUX-DOUCES.

Planche 93.

VUE DE LA CASERNE DES GALIOUNDJIS ou SOLDATS DE MARINE.

Planche 94.

Imp. chez Pezzel, impasse du Doyenné, 3

VUE DU PALAIS D'AÏNALU-KAVAK ET D'UNE PARTIE DE L'ARSENAL.

Planche 95. IIe Partie

VUE DE LA PLACE ET DES FONDERIES DE TOP-HANA.

96.

Hassan Pacha, Sultan Pacha.

97.

Le Prince de Moldavie.

Le Grand Seigneur

99.

Le Kizlar-Agha.

100.

Le Silhadar-Agha.

101.

Le Bostandji-Bachi.

Planche 102. II.e Partie

Le Grand-Vésir.

103

Le Réis-Efendi.

104

Le Janissaire-Agha.

105

Le Capitan-Pacha.

Planche 106 IIe Partie.

Le Kapi-Agha.

107.

L'Ibriktar-Agha.

108.

Le Dulbendar-Agha.

109.

L'Itchoglan-Agha.

Planche 110. IIe Partie.

Le Solak-Bachi.

111.

Le Solak-Peik.

112.

Le Baltadji.

113.

Imp. chez

Le Zulufflu.

Planche 114 IIe Partie.

Le Koul-Kiaiasi.

115.

Le Bach-Tchavouch.

116.

Le Sakka.

117.

Le Sakka Bachi.

Planche 118. IIe Partie.

Le Toptchi-Bachi.

...119.

Un Chatir du corps des Bostandjis.

...120.

Un Koumbaradji.

...121.

Un Alaï-Tchavouch.

Planche 122. IIe Partie.

Un Rêis *ou* Capitaine de vaisseau.

123.

Un Galioundji.

124.

L'Achdji-Bachi.

125.

Un Janissaire.

Planche 126. IIe Partie.

Un Khaseki.

127.

Un Bostandji.

128.

Un Achdji.

129.

Imp. chez Perrot, imp. Breveté

Un Halvadji.

Planche 150, II.e Partie.

Le Mufti *ou* Cheikh-ul-Islam.

151.

Un Kadi-l-Esker.

152.

Un Nakib-ul-Echraf.

153.

Imp. chez Perrot, imp.r Beyrand, 5

Un Dervich *ou* El-Hodjea-hékim

Planche 134. IIe Partie.

Femme Turque allant par la ville.

135.

Femme Grecque.

136.

Femme du Sérail.

137.

N.° 5 Imp. chez Perrot

Autre Femme Grecque.

Le Berber *ou* Barbier.

139.

Le Salepdji *ou* Marchand de Salep.

140.

Le Sakka *ou* Porteur d'eau.

141.

Imp. chez Perrot, [illegible]

Le Hammal *ou* Portefaix.

Planche 142. IIe Partie.

Le Simitdji *ou* Marchand de Gâteaux.

143.

Le Djegnerdji *ou* Marchand de Foies.

144.

Sensal Juif.

145.

Imp. chez Perret, rue Ste Doyenne 5.

Femme Juive Revendeuse.

Planche 146. IIe Partie.

Prince Tartare.

147.

Princesse Tartare.

148.

Femme Tartare.

149.

Imp. chez Perret, imp.ᵈᵉ Leyenne 5.

Soldat Tartare.

IIème Partie. Planche 150.

VUE DU KIOSQUE DU GRAND-SEIGNEUR A DEFTERDAR-BOURNOU.

Planche 151.

Imp. chez L. Lemercier, rue du Bac, 17.

VUE D'UN KIOSQUE ENTRE DEFTERDAR-BOURNOU ET KOUROU-TCHECHMÈ.

IIème Partie, Planche 152.

VUE DU KIOSQUE DU BOSTANDJI-BACHI A KOUROU-TCHECHMÈ.

Planche 153.

Imp. chez L. [illegible], rue du Bac, 17.

VUE DES VIEUX CHATEAUX DU BOSPHORE.

IIème Partie. Planche 154.

VUE DES PRAIRIES DE BUÏUK-DÈRÈ.

Planche 155.

VUE DE LA MAISON DU MOLLAH A BUÏUK-DÈRÈ.

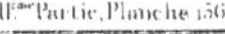

IIème Partie, Planche 156.

VUE D'UNE PARTIE DU VILLAGE DE BUÏUK-DÉRÉ EN EUROPE, ET DE LA MONTAGNE DU GÉANT EN ASIE.

Planche 157.

Imp. chez L. Letronne, rue du Bouloy

VUE DES KAVAKS D'EUROPE ET D'ASIE, ET DE L'ENTRÉE DE LA MER NOIRE.

Pl. 158 IIe Partie.

XVIème Chapitre

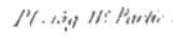

Pl. 159 IIe Partie.

www.ingramcontent.com/pod-product-compliance
Ingram Content Group UK Ltd.
Pitfield, Milton Keynes, MK11 3LW, UK
UKHW020425200726
13857UKWH00002B/292

9 782012 869684